Workbook Hoshin Kanri

AF626401

Daniela Kudernatsch

Workbook Hoshin Kanri

Lean-Management-Strategien erfolgreich umsetzen

1. Auflage

Schäffer-Poeschel Verlag Stuttgart

Bibliografische Information der Deutschen Nationalbibliothek

Die Deutsche Nationalbibliothek verzeichnet diese Publikation in der Deutschen Nationalbibliografie; detaillierte bibliografische Daten sind im Internet über http://dnb.dnb.de/ abrufbar.

Print: ISBN 978-3-7910-5364-6 Bestell-Nr. 10696-0001
ePub: ISBN 978-3-7910-5365-3 Bestell-Nr. 10696-0100
ePDF: ISBN 978-3-7910-5366-0 Bestell-Nr. 10696-0150

Daniela Kudernatsch
Workbook Hoshin Kanri
1. Auflage, April 2022

© 2022 Schäffer-Poeschel Verlag für Wirtschaft · Steuern · Recht GmbH
www.schaeffer-poeschel.de
service@schaeffer-poeschel.de

Bildnachweis (Cover): © WavebreakMediaMicro, Adobe Stock

Produktmanagement: Dr. Frank Baumgärtner
Lektorat: Barbara Buchter, extratour, Freiburg

Dieses Werk einschließlich aller seiner Teile ist urheberrechtlich geschützt. Alle Rechte, insbesondere die der Vervielfältigung, des auszugsweisen Nachdrucks, der Übersetzung und der Einspeicherung und Verarbeitung in elektronischen Systemen, vorbehalten. Alle Angaben/Daten nach bestem Wissen, jedoch ohne Gewähr für Vollständigkeit und Richtigkeit.

Schäffer-Poeschel Verlag Stuttgart
Ein Unternehmen der Haufe Group SE

Sofern diese Publikation ein ergänzendes Online-Angebot beinhaltet, stehen die Inhalte für 12 Monate nach Einstellen bzw. Abverkauf des Buches, mindestens aber für zwei Jahre nach Erscheinen des Buches, online zur Verfügung. Ein Anspruch auf Nutzung darüber hinaus besteht nicht.

Sollte dieses Buch bzw. das Online-Angebot Links auf Webseiten Dritter enthalten, so übernehmen wir für deren Inhalte und die Verfügbarkeit keine Haftung. Wir machen uns diese Inhalte nicht zu eigen und verweisen lediglich auf deren Stand zum Zeitpunkt der Erstveröffentlichung.

Vorwort

Hallo und herzlich willkommen zum Hoshin Kanri Workbook. Sie haben sich entschieden, Hoshin Kanri besser kennenzulernen und künftig auch damit zu arbeiten – genau dafür ist diese Buch gedacht!

Noch bis in die 2000er Jahre war Hoshin Kanri im deutschsprachigen Raum wenig verbreitet. Als eine der Ersten beschäftige ich mich mit meinem Beratungsunternehmen KUDERNATSCH Consulting & Solutions ausführlich mit dieser wirkungsvollen Managementmethode und begann vor einigen Jahren die Hoshin-Kanri-Ausbildung, die die Zertifizierung zum Hoshin Kanri Master beinhaltet.

Angefangen hat alles in den Neunzigerjahren des letzten Jahrtausends, nach meiner Promotion, als ich in einem Finanzdienstleistungsunternehmen für den strategischen Planungs- und Umsetzungsprozess verantwortlich war. Meine Aufgabe war es, das Topmanagement bei der Erarbeitung der Wachstumsstrategie zu unterstützen und anschließend das gesamte Unternehmen darauf auszurichten.

Als Methode wählten wir die »Balanced Scorecard«, die zur damaligen Zeit viele Unternehmen einführten. Während des Prozesses sammelte ich eine Menge an praktischer Erfahrung – auch darüber, was schiefgehen kann und auf welche Hindernisse man dabei trifft.

Die größte Erkenntnis für mich war jedoch, dass gar nicht das Werkzeug an sich das Wichtigste ist, sondern vor allem die Führungskräfte und die Unternehmenskultur weitere wesentliche Faktoren sind. Den Schlüssel zum Erfolg definierte ich als Management Excellence – und das entwickelte sich in den folgenden Jahren klar zu meiner Mission.

Vor knapp 20 Jahren gründete ich meine eigene Beratungsfirma und begann, Unternehmen auf dem Weg zu Management Excellence zu unterstützen. Durch mehrere Ausbildungen im Bereich Change-Management, Führungskräfteentwicklung, KATA-Coaching sowie Team-Coaching erwarb ich weiteres Rüstzeug und meiner zweijährigen systemischen Coaching-Ausbildung verdanke ich einen enormen Wissensschatz zur Beziehungsgestaltung in Organisationen.

Anfang 2000 wurde ich dann von Toyota beauftragt, deren bestehendes Managementsystem zu verbessern – den Hoshin-Kanri-Ansatz, mit dem Toyota schon seit den 1970er Jahren arbeitete. Ich erkannte in diesem Ansatz viele Parallelen zu den Methoden, mit denen ich bisher gearbeitet hatte, aber auch einige neue Aspekte. Daher begann ich, mich intensiv mit Hoshin Kanri zu beschäftigen. Schon bald konnte ich auch deutsche Unternehmen bei der Umsetzung von Hoshin Kanri unterstützen.

1 Herausforderungen für Unternehmen

In diesem Kapitel schauen wir uns an, worin für viele Unternehmen die Herausforderungen in Bezug auf Strategieplanung und -umsetzung bestehen, insbesondere in den derzeit volatilen und schwer planbaren Zeiten. Dabei fokussieren wir uns darauf, wie es Unternehmen gelingen kann, diesen Herausforderungen zu begegnen. Wir steigen mit der Frage ein, was den Unterschied zwischen traditionellen und Best-Practice-Unternehmen ausmacht. Dabei ist insbesondere der Blick auf typische Merkmale in der Unternehmenssteuerung interessant.

So viel sei vorab verraten: Jedes Best-Practice-Unternehmen hat seine eigene Methode zur Unternehmenssteuerung etabliert und hat diese in den meisten Fällen seit Jahrzehnten im Einsatz. Deshalb werden wir uns auf eine kleine Zeitreise begeben und uns die bekanntesten Managementsysteme der letzten Jahre anschauen. Die wesentlichen Merkmalen und vor allem die Vor- und Nachteile der jeweiligen Methoden werden wir uns dabei genauer kennenlernen.

Die vielen Jahre, in denen ich nun mit all diesen Methoden arbeite, haben mich zu der Überzeugung gebracht: Es gibt kein Managementsystem in Reinkultur! Der Schlüssel für erfolgreiche Unternehmenssteuerung liegt in der Kombination aus mehreren Managementsystemen. Und gerade in den immer weniger vorhersehbaren und sich ständig verändernden Umfeldbedingungen hat sich einiges in Bezug auf Unternehmenssteuerung geändert. Übrigens nicht erst seit der Coronapandemie. Die Welt dreht sich schneller denn je. Deswegen handelt dieses Kapitel davon, was es in diesen Zeiten zu beachten gilt.

Richtig spannend wird es in Kapitel 1.4: Wir werden uns Unternehmen anschauen, die eine enorme Krisenresistenz haben – und das seit *vielen* Jahrzehnten. Dabei interessiert uns natürlich, was das Geheimnis ihres Erfolges ist.

Steigen wir zunächst ein, in den Unterschied zwischen traditionellen und Best-Practice-Unternehmen.

1.1 Traditionelle versus Best-Practice-Unternehmen

Die größte Herausforderung für Unternehmen besteht darin, alle Mitarbeitenden auf ein gemeinsames Ziel hin auszurichten. Abbildung 1.1 zeigt eine typische Unternehmenssituation, in der jede Abteilung (dargestellt durch die Pfeile) in eine andere Richtung arbeitet.

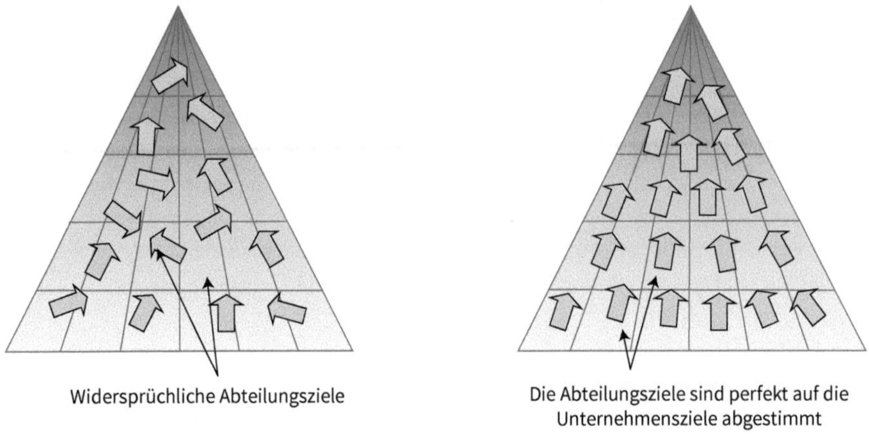

Abb. 1.1: Vergleich traditionelle versus Best-Practice-Unternehmen

Was passiert hier? Es scheinen einige Dinge im Unternehmen unklar zu sein, angefangen bei einem mangelnden Strategieverständnis bis hin zur Kenntnis, was jede Abteilung tatsächlich tun muss. Das könnte daran liegen, dass es an einer klaren Richtung fehlt, in die sich das Unternehmen insgesamt entwickeln will, oder daran, dass die Richtung nicht klar in der Organisation kommuniziert wird.

In beiden Fällen ist die Folge, dass jede Abteilung und jeder Mitarbeitende in subjektiv richtige Richtung läuft, was letztendlich zu Zielkonflikten führt. Dies zeigt sich in der Praxis häufig daran, dass in den Unternehmen unterschiedliche, sich teilweise widersprechende Projekte vorangetrieben werden. Beispielsweise hat das eine Projekt Kostenreduzierung zum Ziel, das andere die Erhöhung der Lieferzuverlässigkeit und wieder ein weiteres die Reduzierung von Beständen.

Sie ahnen schon, was dadurch passiert. Die Wahrscheinlichkeit ist hoch, durch die unterschiedlichen Zielrichtungen Konflikte zwischen Abteilungen entstehen, die insgesamt die obersten Unternehmensziele eher blockieren als fördern.

Erinnern Sie sich an Ihren Physikunterricht in der Schule und an das Experiment mit der Stahlkugel, an der aus allen Richtungen mit gleicher Kraft gezogen wurde? Was passierte? Die Kugel bewegte sich nicht. Es gab absoluten Stillstand. Das Gleiche passiert, wenn jeder in Ihrem Unternehmen in die Richtung rennt, die er für die richtige hält. Am Ende entsteht Stillstand in der Organisation.

Typische Merkmale solcher Unternehmen:

- Es gibt keine klare Vision oder Strategie, das Topmanagement hat keine Fokussierung.
- Die Treiber für den Erfolg sind unklar.
- Das mittlere Management übernimmt keine Verantwortung.

- Abteilungs- und Silodenken führen zu isolierten Perspektiven und Insellösungen.
- Es herrscht eher eine Kultur der Schuldzuweisung als eine Kultur der Problemlösung.
- Schließlich basieren Entscheidungen auf Meinungen und nicht auf Fakten.

Schauen wir uns die rechte Seite in Abbildung 1.1 an. Alle Pfeile zeigen in einheitlicher Richtung nach oben.

Das bedeutet,
- dass es eine klare Vision, Strategie und Unternehmensziele gibt,
- dass die Prioritäten klar sind,
- dass auf jeder Ebene Verantwortung übernommen wird und
- dass Abteilungs- und Silodenken eliminiert sind.

Somit können alle Mitarbeitenden in der Organisation in abgestimmter Weise auf diese Ziele hinarbeiten. Sicherlich ist das ein Idealzustand, doch letztlich verfolgen die verschiedenen Managementansätze alle genau dieses Ziel.

Doch jedes Managementsystem hat seine Vor- und auch Nachteile. Die Kunst besteht darin, das für das eigene Unternehmen Beste aus jedem System herauszuarbeiten und zu nutzen. Deswegen empfehle ich Ihnen dringend, sich mit den wichtigsten Managementsystemen zu befassen. Im Folgenden gebe ich einen Überblick darüber.

1.2 Die wichtigsten Managementsysteme

In diesem Abschnitt machen wir eine kleine Zeitreise und schauen uns die wichtigsten Managementsysteme zur Unternehmenssteuerung an. Ihr gemeinsamer Nenner ist: Sie sind alle nicht neu.

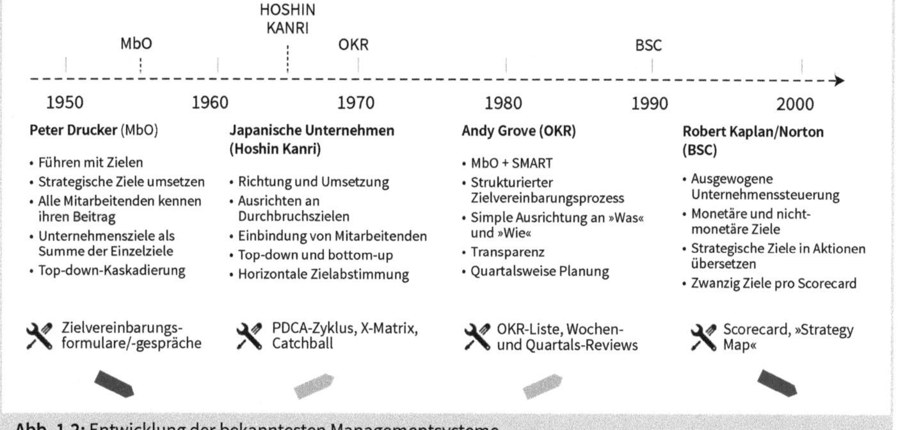

Abb. 1.2: Entwicklung der bekanntesten Managementsysteme

1.2.1 Der Management-by-Objectives-Ansatz (MbO)

Die Ursprünge reichen bis in die 1950er Jahre zurück und basieren ursprünglich auf den Ideen des Management-by-Objectives-Ansatzes, kurz MbO genannt. MbO geht auf Peter Drucker zurück, der diese Managementmethode 1954 mit dem Fokus auf »Führen mit Zielen« entwickelte. Der Zweck von MbO besteht darin, die strategischen Ziele des Unternehmens umzusetzen, indem alle Mitarbeitenden ihre Ziele und ihren Beitrag kennen und täglich darauf hinarbeiten.

MbO wurde zu der damaligen Zeit stark vom Prinzip des Taylorismus beeinflusst, nämlich Tätigkeiten in kleinste Arbeitsschritte zu unterteilen. Die Grundidee von MbO war, dass sich die Ziele des Unternehmens aus der Summe der Einzelziele zusammensetzen. Das bedeutet, dass die Ziele dabei von oben nach unten, also top-down kaskadiert werden bzw. sich idealerweise mathematisch nachvollziehbar kaskadenartig zergliedern.

Dies wird auch als der »Top-down«-Managementansatz bezeichnet. Leider versagt der Top-down-Ansatz gerade bei der Lösung von Problemen, die auf horizontaler Ebene, also zwischen Abteilungen und Bereichen, auftreten. Dies führt zwangsläufig zu erheblichen Konflikten, Reibungen und Effizienzproblemen.

Die grundlegenden Werkzeuge beim MbO-Ansatz sind Zielvereinbarungsformulare, in denen die Ziele im Rahmen von Zielvereinbarungsgesprächen dokumentiert werden. Unternehmen auf der ganzen Welt haben MbO eingeführt. In vielen Fällen hat sich MbO jedoch zu bürokratischen und starren Prozeduren mit viel Administrationsaufwand entwickelt, insbesondere wenn es mit einer variablen Vergütung verbunden ist. Zum Beispiel werden zeitintensive Zielvereinbarungsgespräche geführt, fleißig Ziele definiert und dabei seitenweise Zielvereinbarungsformulare ausgefüllt. Das Ganze muss dann verwaltet werden.

Hinzu kommt, dass im Normalfall die aufwendigen Zielgespräche einmal im Jahr, wenn überhaupt, möglichst am Anfang des Jahres geführt werden und dann während des Jahres in Schubladen schlummern. Das Ergebnis dies Prozess ist erstens, dass die Ziele selten erreicht werden, weil sie nicht regelmäßig überprüft werden, und zweitens, dass am Ende des Jahres die Erreichung der Ziele beurteilt wird – unabhängig davon, ob etwaige Kursänderungen oder Maßnahmen notwendig gewesen wären.

BEISPIEL AUS DER PRAXIS

Nehmen wir an, wir haben Jahresende und das Zielerreichungsgespräch des Vertriebsleiters mit einem seiner Außendienstmitarbeiter steht an. Der Mitarbeiter hat nur zu 60 % das vereinbarte Umsatzziel erreicht und weiß auch sehr genau, wie stark davon seine variable Vergütung abhängt. Wie wird das Gespräch wohl ablaufen?
Der Außendienstmitarbeiter wird viele glaubwürdige Ausreden vorbringen, weshalb es für ihn gar nicht möglich war, das vereinbarte Ziel zu erreichen. In vielen Fällen sind es

Marktschwierigkeiten, zum Beispiel: »Der Wettbewerber hat ein günstigeres Produkt auf den Markt gebracht«, oder es sind innerbetriebliche Gründe, wie z. B.: »Das Produktmanagement hat zu optimistisch gerechnet.«
Würde nun der Bereichsleiter mit dem Leiter des Produktmanagements sprechen, würde er ebenfalls plausible Gründe erfahren, weshalb das Produktmanagement den Vertrieb nicht unterstützen konnte.

Dies ist nur eines von unzähligen weiteren Beispielen, die ich erlebt habe. Sie führen zu Problemen, Diskussionen, Zielkonflikten und vor allem zu unzureichenden Performance-Zahlen. Interessant dabei ist, dass insbesondere Personalabteilungen an dem Zielvereinbarungssystem festhalten, da sie es mit viel Arbeit und Mühe eingeführt haben. Vieles spricht jedoch dafür, dass MbO nicht nur wenig nützt, sondern sogar große Schäden anrichten kann. Insgesamt kann man bei MbO definitiv einen klaren Abwärtstrend in der Anwendung verzeichnen.

1.2.2 Der Hoshin-Kanri-Ansatz

Auf unserer Zeitreise kommen wir als Nächstes zu Hoshin Kanri. Hoshin Kanri ist eine Managementmethode, die ihren Ursprung in Japan in der Mitte der 1960er Jahre hat. Japanische Manager wurden damals von amerikanischen Qualitätsexperten wie Edward Deming und später von Joseph Juran ausgebildet. Die Japaner kombinierten die gängigen Methoden des Total Quality Managements – kurz TQM – mit MbO und starteten ihre ersten Versuche der strategischen Unternehmensplanung.

Die Grundidee von Hoshin Kanri ist es, dem Unternehmen auf der einen Seite eine klare Richtung im Sinne von Zielen vorzugeben. Das repräsentiert »Hoshin«. Auf der anderen Seite geht es darum, sich im Laufe des Jahres auf die Umsetzung zu konzentrieren. Das bedeutet »Kanri«.

Ziel dabei ist es, das gesamte Unternehmen auf sogenannte Durchbruchsziele auszurichten, um eine signifikante Leistungssteigerung zu erreichen. Dabei werden die Mitarbeitenden umfassend in diesen Prozess eingebunden. Anders als bei MbO werden bei Hoshin Kanri die Ziele nicht einfach von oben nach unten kaskadiert. Vielmehr werden die Mitarbeiter ermutigt, ihre eigenen Lösungen für die übergeordneten Ziele zu finden, was bedeutet, dass sie nicht einfach von oben auferlegt werden, sondern von unten auch beeinflusst werden können.

Somit ist der Ansatz eine Mischung aus top-down und bottom-up, um Ziele zu definieren. Im Mittelpunkt dieses Ansatzes steht dabei nicht nur die vertikale Abstimmung der Ziele, also zwischen Unternehmensebenen, sondern vor allem auch die bereichsübergreifende, d. h. horizontale Zielabstimmung zwischen Bereichen und Abteilungen.

Die zugrunde liegenden wichtigsten Werkzeuge sind zum einen der PDCA-Zyklus (Plan, Do, Check, Act), der als Regelkreis für die konsequente Umsetzung der Strategie und das kontinuierliche Bearbeiten der Ziele sorgt.

Des Weiteren werden die Ziele und Messgrößen mittels der sogenannten X-Matrix dokumentiert und können dadurch anschaulich und kompakt dargestellt werden.

Das dritte wichtige Werkzeug ist der sogenannte Catchball-Prozess, der die Grundlage für die Abstimmung der Ziele auf den verschiedenen Unternehmensebenen darstellt, aber gerade auch bereichsübergreifend bzw. horizontal ist (s. dazu Kap. 4 und 5).

Hoshin Kanri wird inzwischen auch in den USA und in Europa zunehmend eingesetzt und von Unternehmen wie Toyota und Danaher seit über 50 Jahren erfolgreich praktiziert. Insgesamt sehen wir einen klaren Aufwärtstrend in der Anwendung.

1.2.3 Die Methode Objectives & Key Results (OKR)

Wenn wir auf unserer Zeitachse weitergehen, stoßen wir auf die Methode Objectives & Key Results – abgekürzt »OKR«. Sie geht auf Anfang der 1970er Jahre zurück. Andy Grove, ehemaliger CEO von Intel, entwickelte ein Konzept, welches auf dem MbO-Ansatz basierte, um die Strategie des Unternehmens, nämlich die Weltmarktführerschaft zu erreichen, umzusetzen. Seine Grundidee bestand darin, MbO zu modernisieren und mit der SMART-Methode (Spezifisch, Messbar, Attraktiv, Realistisch und Terminiert) zu verheiraten. Genauer gesagt: ein messbares Zielsystem zu entwickeln. Damit wollte er einen strukturierten Zielvereinbarungsprozess implementieren, sodass alle Aktivitäten auf die Ziele des Unternehmens ausgerichtet sind.

Wesentliche Schlüsselfaktoren lagen für Grove in der Einfachheit, der Flexibilität und in der Einbindung der Mitarbeitenden. Grove definierte zwei simple Fragen, die jeder im Unternehmen beantworten sollte:

- »Wo will ich hin?« (Was sind die Ziele bzw. die Objectives?)
- »Wie messe ich, ob ich mein Ziel erreicht habe?« (Was sind die Schlüsselergebnissen bzw. Key Results?)

Ein wesentlicher Leitgedanke dabei war das Schaffen von unternehmensweiter Transparenz, indem alle Mitarbeitenden Zugang zu den OKR auf allen Ebenen des Unternehmens erhalten. Dabei werden die OKR lediglich für das nächste Quartal festgelegt und geplant. Anschließend werden sie im Rahmen von wöchentlichen Reviews auf Fortschritt überprüft und am Ende des Quartals wieder neu definiert.

Die wichtigsten Werkzeuge dieses Ansatzes sind die OKR-Liste, in der für alle im Unternehmen ersichtlich die definierten OKR eingetragen werden, sowie die Überprüfung des Fortschritts der Zielerreichung in wöchentlichen und quartalsweisen Reviews.

Ursprünglich war OKR ein Ansatz speziell für Start-up-Unternehmen. Mittlerweile beschäftigen sich zahlreiche Unternehmen unterschiedlicher Größenordnungen weltweit mit der OKR-Methode. Insofern können wir hier einen ansteigenden Trend verzeichnen.

1.2.4 Die Methode Balanced Scorecard (BSC)

Kommen wir zur nächsten wichtigen Managementmethode: die Balanced Scorecard, kurz BSC, wurde Anfang der 1990er Jahre entwickelt. Robert Kaplan und David Norton von der Harvard-Universität hatten festgestellt, dass Unternehmen in der Regel anhand von finanziellen und kurzfristigen Zielen wie Ergebnis, Umsatz und Kosten gesteuert werden.

Finanzielle Ziele sind jedoch das Ergebnis vergangener Aktivitäten und können nicht mehr beeinflusst werden. Aus Sicht von Kaplan und Norton wurden unternehmerische Potenziale sowie langfristige Lebens- und Wettbewerbsfähigkeit dagegen zu wenig von den Unternehmen berücksichtigt. Deswegen empfahlen sie eine ausgewogene bzw. ausbalancierte Unternehmenssteuerung. Sie ergänzten die vorherrschende finanzielle Perspektive um drei weitere nicht-monetäre Aspekte: Kunden, Prozesse und Mitarbeitende. Sie alle sind die Treiber bzw. Vorlaufindikatoren des zukünftigen Erfolgs.

Ein weiterer wesentlicher Grundgedanke der Balanced Scorecard war es, die Erreichung von strategischen Zielen messbar und über die Ableitung von Maßnahmen umsetzbar zu machen. »Translating strategy into action« war der Slogan von Kaplan und Norton. Die definierten Ziele pro Scorecard sollten dabei ein Maximum von 20 Zielen nicht überschreiten. Dadurch entstand ein weiterer Slogan, nämlich »twenty is plenty«.

Die wesentlichen Werkzeuge sind somit die Scorekarte selbst, auf der der aktuelle Stand der Zielerreichung regelmäßig angezeigt werden sollte. Außerdem gibt es die sogenannte »Strategy Map«, die visuell die Vielfalt der Ziele und deren Zusammenhänge darstellt, um die Strategie für die gesamte Organisation erklärbar machen.

Ende der 1990er Jahre konnte ein regelrechter Hype der BSC verzeichnet werden. Unternehmen weltweit führten die BSC-Methode ein und versuchten, das gesamte Unternehmen mittels Scorecards auszurichten. Dass diese Versuche häufig scheiterten, lag vor allem an dem fehlenden Zielfokus und dem damit verbundenen hohen administrativen Aufwand, den die Zielverfolgung und das Reporting erforderten. In den letzten Jahren sieht man einen klaren Abwärtstrend in der Anwendung der Balanced Scorecard.

1.2.5 Fazit

Schaut man sich nun die Elemente der hier aufgezeigten Managementsysteme an, kommt man schnell auf einen gemeinsamen Nenner. Kurzgefasst geht es in allen Methoden darum, die Organisation an den Unternehmenszielen auszurichten und sicherzustellen, dass möglichst alle Beteiligten kontinuierlich an der Erreichung dieser Ziele arbeiten. Dennoch bringt jedes Managementsystem auch die eine oder andere Besonderheit mit sich, die jeweils beachtet werden muss.

> MEIN TIPP
>
> Erst die Kombination von Hoshin Kanri mit den Vorteilen anderer Managementsysteme macht die Methode stark. Was Sie wann und wie anwenden, sollten Sie daher immer von der Situation, den Strukturen und der Kultur Ihres Unternehmens abhängig machen. Deshalb werde ich an den entsprechenden Stellen in diesem Buch auf mögliche Verbindungen zu anderen Managementsystemen verweisen.

Die Frage, die dabei aufkommt, ist: Wie können Sie ein für Ihr Unternehmen passendes Managementsystem entwickeln, das *stabil* ist und insbesondere den volatilen Zeiten standhält?

Dafür schauen wir uns nun an, welchen Herausforderungen Unternehmen in Krisensituationen gegenüberstehen.

1.3 Volatile Märkte

Werfen wir einen kurzen Blick auf die Marktsituationen, wie sie in Krisenzeiten auftreten – und was würde sich dafür besser eignen als das Beispiel der Corona-Pandemie. Wer hätte anfangs gedacht, dass der Corona-Virus weltweit derart gravierende Auswirkung haben kann, wie wir sie nun kennen? Es ist nahezu unfassbar, wie das Leben und die Wirtschaft lahmgelegt wurden.

In Unternehmen stehen derzeit zwei Hauptfragen im Vordergrund:

- »Hätten wir das vorhersehen können?«
- »Was können wir tun, um so schnell wie möglich aus der Krise herauszukommen?«

Die Antworten darauf sind nicht einfach und dennoch dringend notwendig. Was sich seit vielen Jahren abzeichnet, sind typische Krisen, die – aus weltweiter Sicht – im Durchschnitt einen Zyklus von drei Jahren haben. Nur dass dieses Mal ist die Krise eben sehr stark ausgefallen ist. Aber auch für die Zukunft kann erwartet werden, dass die wirtschaftliche Volatilität immer kurzyklischer und damit immer unplanbarer wird. Somit stehen alle Organisationen weltweit vor der herausfordernden Frage: »Wie können wir uns in der Zukunft so organisieren, dass wir möglichst eng an den Ereignissen dran sind und uns schnell anpassen können?«

Diese Frage ist im Grundsatz für viele Unternehmen nicht neu. Wenn ich zurückblicke auf viele Strategie-Workshops, die ich in den letzten Jahren durchgeführt habe, ist eine klare Tendenz festzustellen: Das Thema Flexibilität hat sowohl nach außen als auch nach innen gerichtet meist eine wesentliche Rolle eingenommen, allerdings aber oft nicht *die* entscheidende. Ziele wie Produktivität, Effizienz, Liefertreue und Bestandsreduzierung standen meist im Vordergrund.

Schaut man sich an, wie viele Unternehmen in Krisensituation agieren, wird häufig Folgendes deutlich: Es gibt drastische Veränderungen in der Geschäftsleitung und neue Führungskräfte oder Berater werden von außen in das Unternehmen geholt. Deren Aufgabe ist es, das »Restrukturierungsprojekt« zu leiten. Durch aggressive Kostenreduktion wird finanzielle Stabilität erreicht, die aber meist auf Kosten der langfristigen Stärke geht. Die Folge ist, dass sich die Kultur radikal verändert und viele wertvolle Mitarbeitende das Unternehmen verlassen, weil ihnen entweder gekündigt wird oder sie woanders einen besseren Job finden.

Die Herausforderung für ein Unternehmen besteht nun darin, sowohl die Anforderungen, die durch eine Krisensituation entstehen, in kurzer Zeit zu bewältigen, als auch eine entsprechende Kultur, notwendige Führungsfähigkeiten und operative Exzellenz aufzubauen. Das alles ist notwendig, um langfristig erfolgreich zu sein. Nur dann kann die Planung von Zielen und deren Umsetzung positiv verlaufen.

Viele Unternehmen wissen zwar, wie wichtig eine strategische und agile Planung ist, aber auch, dass die Umsetzung nicht einfach ist. Das Tagesgeschäft hat sehr oft Priorität gegenüber der Investition von Zeit und Aufwand in die Planung der Zukunft. In der Folge geht diese nicht selten unter oder sie wird nur unzureichend durchgeführt.

Dennoch gibt es Unternehmen, die seit Jahrzehnten eine *enorme Krisenresistenz* aufweisen, weil sie ein für sich passendes Managementsystem etabliert haben, wie der nächste Abschnitt zeigt.

1.4 Krisenresistenz von Best-Practice-Unternehmen

Stellen Sie sich vor, Ihr Unternehmen hätte es geschafft, innerhalb von wenigen – sagen wir drei bis fünf – Wochen aus dem Krisenmodus herauszukommen. Spontan sagen Sie vielleicht: »Das ist nahezu unmöglich!«

Für viele Unternehmen mag das eine Wunschvorstellung sein, für einige Organisationen ist das tatsächlich Realität! Es gibt Unternehmen, die seit vielen Jahren mit ihrer Anpassungsfähigkeit Krisensituation regelrecht trotzen.

Tabelle 1.1 zeigt ein Ranking der Top-10-US-Unternehmen mit ihrer durchschnittlichen jährlichen Aktienrendite – seit 1980. Dabei wurde die Rendite unter der Annahme berechnet, dass die Dividenden reinvestiert werden. Die Rendite bei diesen Top-10-Unternehmen bewegt sich, wie wir rechts sehen, in einem Bereich zwischen 22,6 % und 18,7 %.

Ranking	Name des Unternehmens	Industriezweig	Jährliche Rendite in %
1	TJX Companies Inc.	Konsumgüterindustrie	22,6
2	Stryker Corporation	Gesundheitswesen	22,1
3	Eaton Vance Corp.	Finanzmarkt	21,9
4	Progressive Corporation	Finanzmarkt	21,6
5	Haspro, Inc.	Konsumgüterindustrie	21,4
6	Sherwin-Williams Company	Materialwirtschaft	20,1
7	Danaher Corporation	Gesundheitswesen	20,0
8	Walmart Inc.	Konsumgüterindustrie	20,0
9	Berkshire Hathaway Inc. Class A	Finanzmarkt	18,9
10	Holly Frontier Corporation	Energiewirtschaft	18,7

Tab. 1.1: Die 10 größten US-Unternehmen und ihre jährliche Rendite seit 1980 (Quelle: Form 8-K M&T Bank Corp. Current report, items 7.01 and 9.01, 08.11.2019; https://sec.report/Document/0001193125 – 19 – 287854/)

Interessant ist auch die Spalte in der Mitte, die die verschiedenen Branchen zeigen, denen diese Unternehmen angehören, wie z. B. dem Konsumgüterbereich, dem Gesundheitswesen, dem Finanzbereich und der Material- und Energiewirtschaft kommen.

Das zeigt, dass unabhängig von der Branche eine derartige nachhaltige Performance erreicht werden kann. Am Beispiel der Danaher Corporation möchte ich genauer erläutern, worin diese Resilienz von Unternehmen in Krisenzeiten besteht.

Danaher ist ein Mischkonzern aus den USA mit einem Umsatz von 20 Milliarden US-Dollar und 71.000 Mitarbeitenden. Die jährliche Rendite seit 1980 – also der letzten 40 Jahre – beträgt 20 %.

Diese Langzeitsicht ist eine mögliche Perspektive. Gleichzeitig ist auch interessant, wie sich der Aktienkurs von Danaher im März und April 2020 entwickelte, also genau am ersten Höhepunkt der Corona-Krise.

In Abbildung 1.2 ist dies sichtbar. Am 17. Februar 2020 fiel der Kurs der Danaher-Aktie von einem Höchststand von 155 auf einen Tiefstand von 114 am 18. März. Am 27. April – also fünf Wochen nach dem Tiefststand – hatte Danaher den Höchststand von 155 fast wieder erreicht.

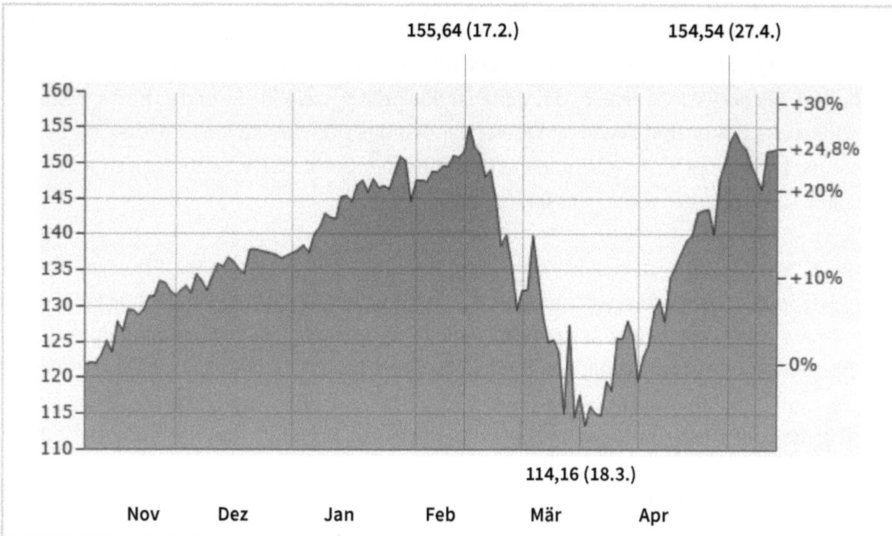

Abb. 1.3: Aktienkurs der Danaher Corporation (März bis April 2020; Quelle: www.finanzen.net/aktien/danaher-aktie)

Diese schnelle Erholung des Aktienkurses ist nur ein Beispiel aus der langen Erfolgsgeschichte von Danaher. Die generelle Frage, die sich hier stellt, ist: Woher kommen diese langjährige Krisenresistenz und dieser außerordentliche nachhaltige Erfolg?

Es gibt einige Studien, die zeigen, dass solche Unternehmen – also mit deutlich höherem Wachstum, höherer Rentabilität und größerem Marktanteil als die Konkurrenz – Methoden etabliert haben, die es ihnen ermöglichen, langfristig Erfolg zu haben.

Wenn man sich diese Methoden genauer anschaut, haben sie alle eines gemeinsam: Es gibt eine kurzzyklische Planung und der Schwerpunkt liegt auf der Entwicklung einer flexiblen und lernenden Organisation. Was erreichen Unternehmen dadurch? Sie werden in die Lage versetzt, mit Unsicherheit umzugehen.

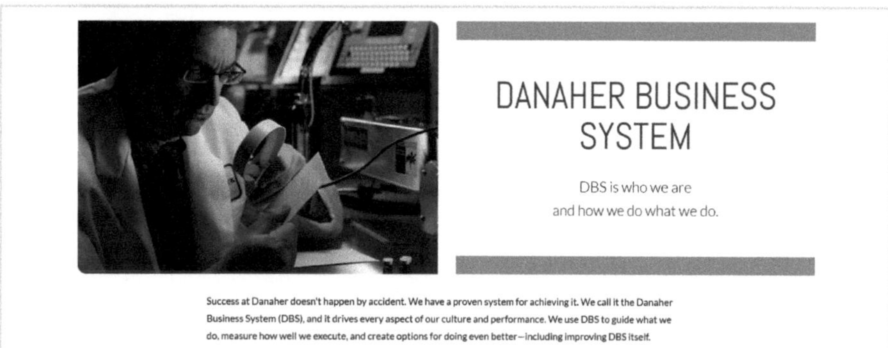

Abb. 1.4: Auszug aus der Danaher-Homepage (Quelle: www.danaher.com/how-we-work/danaher-business-system)

Werfen wir einen Blick auf die Homepage von Danaher (s. Abb. 1.3) und lesen einen Auszug daraus: »Der Erfolg bei Danaher kommt nicht von ungefähr. Wir haben ein bewährtes System, um ihn zu erreichen. Wir nennen es das Danaher Business System (DBS), und es bestimmt jeden Aspekt unserer Kultur und Leistung. Wir verwenden das DBS, um zu steuern, was wir tun, zu messen, wie gut wir es ausführen, und um Optionen für noch bessere Leistungen zu schaffen – einschließlich der Verbesserung des DBS selbst.«[3]

Die Grundlage des DBS ist Hoshin Kanri. Unternehmen wie Danaher haben Hoshin Kanri in ein vollständiges Geschäftssystem integriert, um ihr Geschäft ganzheitlich zu führen. Mit der Hoshin-Kanri-Methode – auch bekannt als Policy Deployment – ist es Danaher gelungen, ein Managementsystem aufzubauen, das ihnen hilft, schnell und mit bemerkenswerter Flexibilität zu reagieren. Dadurch ist das Unternehmen in der Lage, sich an plötzliche Veränderungen anzupassen und auf dieser Basis den Erfolg langfristig zu steigern.

Zusammenfassung und Ausblick

In diesem Kapitel haben wir uns damit beschäftigt, was für viele Unternehmen die Herausforderungen in Bezug auf Strategieplanung und -umsetzung sind – insbesondere in den derzeit volatilen und unplanbaren Zeiten. Dabei haben wir uns darauf konzentriert, wie es Unternehmen gelingen kann, diesen Herausforderungen zu begegnen.
Wir haben die bekanntesten Managementsysteme kennengelernt und herausgearbeitet, dass der Schlüssel für erfolgreiche Unternehmenssteuerung in der Kombination von mehreren Managementsystemen liegt.
Was nun konkret hinter Hoshin Kanri steckt, welche Ziele Hoshin Kanri verfolgt und aus welchen Elementen die Methode besteht, schauen wir uns ausführlich im nächsten Kapitel an.

3 Siehe dazu https://www.danaher.com/how-we-work/danaher-business-system

2 Grundlagen zu Hoshin Kanri

In diesem Kapitel befassen wir uns mit den Grundlagen zu Hoshin Kanri. Zunächst beleuchten wir den Ursprung von Hoshin Kanri und erkunden, was sich hinter diesem Begriff verbirgt. Dann beschäftigen wir uns damit, was die konkreten Ziele von Hoshin Kanri sind. Hier stelle ich in der Praxis immer wieder fest, dass es enorme Unterschiede im Verständnis gibt. Dies verändert wiederum die Art und Weise, wie Hoshin Kanri letztendlich umgesetzt wird.

Dadurch kann es passieren, dass zwar »wieder einmal« ein neues Werkzeug zur Unternehmenssteuerung eingeführt wird, sich aber am Verhalten von Management, Führungskräften, Mitarbeitenden und an der Kultur des Unternehmens gar nichts verändert.

Wie bereits erwähnt, gibt es Hoshin Kanri nicht in Reinkultur. Was es aber gibt, ist ein grundlegender Ablauf, der Strategieplanung und Strategieumsetzung beinhaltet. Diesen Prozess habe ich in den letzten Jahren dahingehend entwickelt, dass wir einen praktischen Leitfaden für die Einführung und die Umsetzung von Hoshin Kanri haben. Der Leitfaden besteht aus acht Schritten und ist das Herzstück dieses Buchs.

In den nachfolgenden Kapiteln werden wir nacheinander die einzelnen Schritte im Detail durchlaufen. Dabei wird uns der Prozess durchgängig als Navigationshilfe dienen, damit wir schnell einordnen können, wo wir uns gerade im Ablauf befinden.

2.1 Geschichte und Definition

Wo kommt Hoshin Kanri her? Auf unserer Zeitreise in Bezug auf die wichtigsten Managementsysteme hatten wir ja bereits einen groben Blick darauf geworfen. An dieser Stelle werden wir das noch einmal vertiefen.

Nach dem zweiten Weltkrieg standen viele japanische Unternehmen vor dem Wiederaufbau. Man erkannte jedoch sehr schnell, dass japanische Manager aufgrund der Kriegsjahre völlig unzureichend qualifiziert waren. Sie kannten weder die notwendigen Managementinstrumente noch konnten sie diese anwenden. Infolgedessen wurden japanische Manager, Ingenieure und Studenten von amerikanischen Qualitätsexperten und Managementvordenkern wie Deming, Juran, Stewart und Drucker ausgebildet.

Diese Schulungen umfassten:

- die Anwendung des PDCA-Zyklus, was für Plan-Do-Check-Act steht,
- die Durchführung von Abweichungsanalysen,
- die Umsetzung des Zielplanungsprozesses sowie
- die Leitung von Verbesserungsinitiativen.

Insbesondere die Planungs- und Umsetzungstechniken entwickelten sie auf Basis des MbO-Ansatzes weiter und verbesserten diese kontinuierlich.

Mit der Vergabe des Deming-Preises in den nachfolgenden Jahren, verbreiteten sich Best Practices zur Zielplanung, dem Umsetzen von Verbesserungen und von operativen Tätigkeiten. 1965 veröffentlichte Bridgestone Tire einen Bericht, in dem die Planungstechniken von Deming-Preis-Gewinnern analysiert wurden. Diese Techniken bekamen den Namen »Hoshin Kanri«.

Abb. 2.1: Erklärung des Begriffs Hoshin Kanri

Wenn man Hoshin Kanri übersetzt, dann bedeutet »Hoshin« so viel wie »Kompassnadel« oder äquivalent Richtungsbestimmung. »Kanri« bedeutet: »Management oder Steuerung«, d. h. der Prozess der Zielumsetzung, der Überprüfung der Zielerreichung und der Anpassung. Zusammengefasst kann man Hoshin Kanri verstehen als: »Das Management von Zielen und Plänen«.

Ab 1975 verbreitete sich Hoshin Kanri immer mehr in Japan, wobei Toyota und Komatsu den von Bridgestone Corporation veröffentlichten Bericht mit Planungstechniken um eigene Ansätze weiterentwickelten.

In den 1980er Jahren wurde Hoshin Kanri auch in den USA wahrgenommen und verbreitete sich hauptsächlich unter dem Namen »Policy Deployment«. Grund hierfür war, dass amerikanische Unternehmen Gewinner des Deming-Preises wurden. Hierzu zählten Unternehmen wie Hewlett-Packard, Xerox und Texas Instruments, die enorme Erfolge bei der Steigerung ihres Gewinns und ihrer Produktivität nachweisen konnten. Sie alle führten ihren Erfolg auf den Einsatz von Hoshin Kanri zurück. Heute ist Hoshin Kanri ein Kernbestandteil von Lean Management bzw. Lean Production.

Wichtig ist also der Hinweis: Obwohl wir es mit einem japanischen Begriff zu tun haben, sind die Wurzeln stark amerikanisch geprägt.

Einige von Ihnen fragen sich vielleicht, warum Hoshin Kanri gerade jetzt aktuell ist, obwohl die Wurzeln so weit zurück gehen.

2.2 Ziele von Hoshin Kanri

Sowohl in der Literatur als auch in der Praxis lassen sich oft enorme Unterschiede im Verständnis von Hoshin Kanri feststellen.

Viele Unternehmen neigen dazu, Hoshin Kanri als neues Werkzeug zu betrachten und es in ihrem Unternehmen in dem Glauben einzuführen, dass sie dadurch ihre Strategie und Ziele *besser* als bisher umsetzen können. Es sind also vermeintlich die Methoden und Tools, die für das Ergebnis verantwortlich sind, und nicht die Menschen, die diese Instrumente benutzen.

Natürlich ist es nach wie vor der Wunsch eines jeden Topmanagers, das gesamte Unternehmen konsistent an den obersten Zielsetzungen auszurichten. Deswegen verspricht man sich von neuen Methoden immer wieder vorschnell, dass genau sie der Erfolgsschlüssel sind. Kaum hört man etwas von neuen, vielversprechenden Methoden, werden sie schon eingeführt.

Hoshin Kanri kommt häufig dann zum Einsatz, wenn es notwendig ist, größere strategische Veränderungen oder sogar Durchbrüche zu bewerkstelligen. Hierfür ist es erforderlich, dass alle verfügbaren Ressourcen optimal eingesetzt und ausgerichtet werden, um diese wenigen, wichtigen Ziele – auch Durchbruchsziele genannt – jedes Jahr zu erreichen.

Hoshin Kanri ist der Prozess, bei dem Ziele gesetzt, konkrete Pläne zum Erreichen der Ziele erarbeitet werden und eine konsequente Umsetzung sichergestellt wird.

Definition

Hoshin Kanri

Hoshin Kanri ist eine Methode zur Erreichung von Durchbruchszielen. Der Schlüssel liegt darin, Know-how und Führungsfähigkeiten zu entwickeln, um Prozesse signifikant zu verbessern.

Zusammenfassend verfolgt Hoshin Kanri die drei Ziele, die in Abbildung 2.2 dargestellt sind.

Abb. 2.2: Ziele von Hoshin Kanri

- **Ziel 1** ist es, Unternehmen zu befähigen, ihre Ziele systematisch zu erreichen. Systematisch heißt dabei nicht durch Zufall, weil sich der Markt oder andere Rahmenbedingungen positiv verändern, sondern weil unsere Aktionen ursächlich darauf zurückzuführen sind. Beispielsweise betreiben wir intensive Marktbearbeitung und dadurch erhöht sich die Zahl der Anfragen deutlich oder wir reduzieren Engpässe in der Produktion und dadurch erreichen wir eine stabile Liefertreue.
- **Ziel 2** ist es, einen klaren Zielfokus zu schaffen, weil wir die wenigen wichtigen Ziele definieren, die unseren Erfolg treiben. Diese Ziele werden Durchbruchsziele genannt.
- **Ziel 3** ist: Wir haben durchgängig abgestimmte Ziele, weil wir Zielkonflikte und Silodenken auflösen.

Nun stellen Sie sich vor, dass es Ihrem Unternehmen gelingt, sich auf diese Weise auszurichten. Wie würden sich Ihrer Meinung nach die Mitarbeitenden in einem solchen Unternehmen fühlen? Vermutlich besser, als sie es jetzt tun, denn:

- Sie werden mehr Bestätigung haben, weil sie ihre Ziele besser erreichen.
- Darüber hinaus haben sie einen ausgeglicheneren Arbeitstag, denn sie können reibungsloser und viel effizienter arbeiten.

All dies führt zu einer höheren Mitarbeiterzufriedenheit und stärkeren Verbundenheit gegenüber dem Unternehmen.

Wie sehen aber nun die Prozesse aus, um diese Ziele, die Hoshin Kanri verfolgt, zu erreichen?

2.3 Der Hoshin-Kanri-Prozess

Hoshin Kanri ist ein durchgängiger Strategieplanungs- und -umsetzungsprozess, der ausgehend von einer Vision, strategische Durchbruchsziele in jährliche Ziele auf allen Ebenen übersetzt. Dabei werden die Ziele vertikal und horizontal abgestimmt sowie kurzzyklisch geplante Maßnahmen zur agilen Erreichung der Ziele festlegt.

Wie bereits erwähnt, rücken letztendlich nicht die damit verbundenen Werkzeuge oder Tools in den Vordergrund, sondern es geht darum, Führungsfähigkeiten und Know-how für signifikante Prozessverbesserungen auf allen Ebenen zu entwickeln, damit die herausfordernden Ziele erreicht werden können. Die erfolgreiche Umsetzung von Hoshin Kanri erfordert dabei eine starke Veränderung des Führungs- und Managementstils, bei dem neben der Zielverfolgung insbesondere das Experimentieren und das Lernen im Vordergrund stehen. Wie Abbildung 2.3 zeigt, besteht der generelle Hoshin-Kanri-Prozess aus acht Schritten.

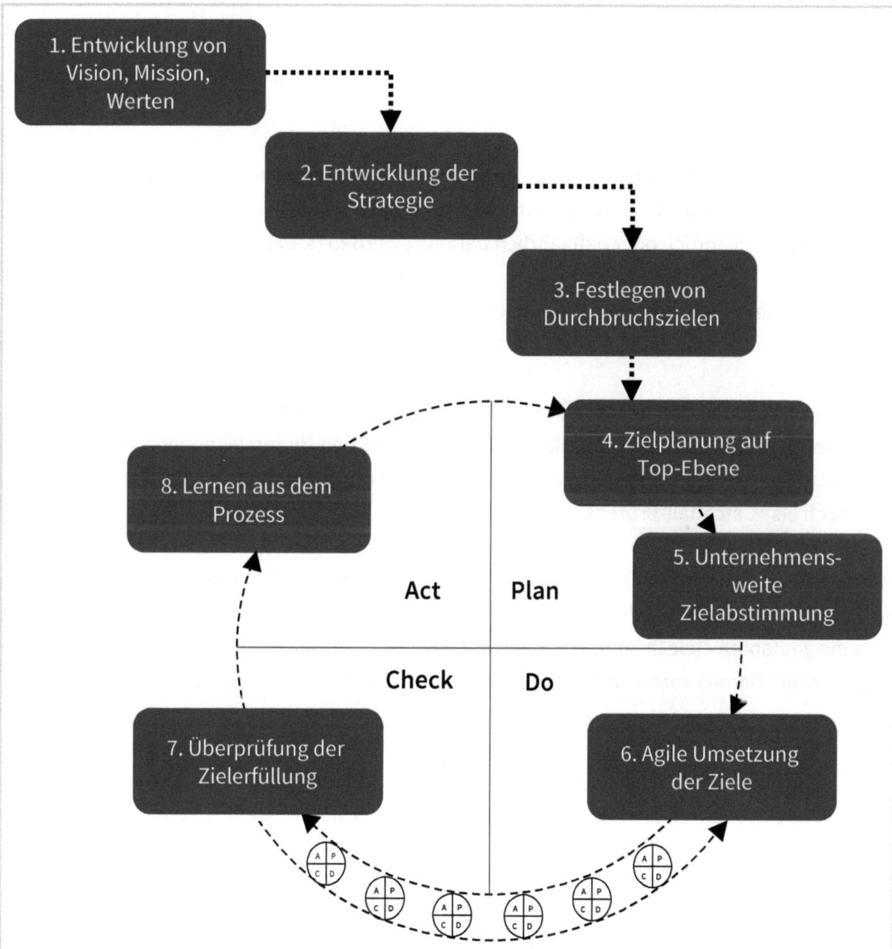

Abb. 2.3: Der Hoshin-Kanri-Prozess

Der Prozess beginnt auf der obersten Managementebene und setzt sich über die verschiedenen Ebenen der Organisation bis auf die unterste Ebene fort.

Die ersten drei Schritte bilden den strategischen Planungsprozess mit einer mittel- bis langfristigen Sicht auf das Unternehmen ab. Im *ersten Schritt* werden Vision, Mission und die Unternehmenswerte entwickelt. Diese drei Elemente werden sehr häufig auch als Leitbild bezeichnet und dienen zur langfristigen Ausrichtung für das Unternehmen.

Im *zweiten Schritt* wird basierend auf der langfristigen Ausrichtung die Unternehmensstrategie entwickelt, die einen mittelfristigen Charakter hat. Die Unternehmensstrategie stellt den Weg zur Erreichung der Vision dar.

Im *dritten Schritt* werden ausgehend von der Strategie Durchbruchsziele festgelegt. Diese stellen die obersten Unternehmensziele dar und gelten als Ausgangsbasis für die weitere unternehmensweite Zielausrichtung.

Ausgehend von den Durchbruchszielen gehen wir in einen jährlichen Regelkreis über, dessen Herzstück der Plan-Do-Check-Act-Zyklus oder kurz PDCA-Zyklus ist. Dieser Regelkreis kann jedoch auch vierteljährlich oder halbjährlich definiert werden (s. dazu Kap. 6.2).

Die Plan-Phase besteht aus Schritt vier und fünf und beinhaltet die unternehmensweite Zielplanung. Im *vierten Schritt* findet die jährliche Zielplanung auf der Topmanagement-Ebene statt.

Im *fünften Schritt* werden anschließend die Ziele auf allen Ebenen des Unternehmens geplant und vereinbart. Hier werden die Ziele vertikal, also zwischen Hierarchieebenen, dann aber vor allem auch horizontal, zwischen Bereichen, abgestimmt. Dieser Prozess der Zielausrichtung wird auch als »Catchball-Prozess« bezeichnet.

Nach der Plan-Phase folgt die Do-Phase, die die Umsetzung der Ziele während des Jahres beinhaltet. Hier werden im *sechsten Schritt* die geplanten Aktionen agil umgesetzt. Dies bedeutet, dass die geplanten Ziele in konkrete Pläne überführt und im Laufe des Jahres kurzzyklisch verfolgt werden. Daraus entstehen wiederum viele kleine PDCA-Zyklen auf allen Ebenen.

Die verschiedenen PDCA-Zyklen sind demzufolge auch Bestandteil der Check-Phase. Hier werden in *Schritt sieben* die Ziele regelmäßig überprüft und wenn nötig angepasst. Ändert sich ein Ziel im Laufe des Jahres, z. B. aufgrund einer veränderten Marktsituation, kann das Ziel zeitnah angepasst werden.

BEISPIEL AUS DER PRAXIS

Ein Kunde von mir wählte das Ziel »Expansion in den osteuropäischen Markt«. Bei der Umsetzung dieses Ziels stellte das Unternehmen fest, dass es in der geplanten Form keinen Markt gab. Indem wir uns regelmäßig die Entwicklung der Zahlen ansahen und die Aktionspläne reflektierten, waren wir schnell in der Lage, die Abweichungen und die strategischen Änderungen zu erkennen, die wir für die Umsetzung benötigten. Hätten wir keinen Aktionsplan gehabt, wäre uns das so schnell gar nicht aufgefallen.

Am Ende des Jahres – in *Schritt acht* – wird die Qualität des letztjährigen Hoshin-Kanri-Prozesses überprüft und es werden Verbesserungsmaßnahmen in Bezug auf den Hoshin-Kanri-Prozess eingeleitet – wie wir es in Kapitel 1.4 von Danaher gesehen hatten. Dies ist die Act-Phase des PDCA-Zyklus. Die zugrunde liegende Methode ist als President's Diagnosis bekannt. In der agilen Welt kommt dies der Retrospektive gleich. Es findet eine Gesamtbewertung der Strategieumsetzung statt und es wird eine Neudefinition der Ziele für das nächste Jahr vorgenommen. Dann startet der neue Jahreszyklus.

Die einzelnen Elemente und die zugehörigen Werkzeuge werden wir im gesamten Workbook noch im Detail behandeln. Was Sie jedoch wissen müssen: In der Praxis hat sich immer wieder gezeigt, dass es kein allgemeingültiges »Kochrezept« für die Einführung von Hoshin Kanri gibt.

Vielmehr muss es in Abhängigkeit vom spezifischen Unternehmenskontext angewendet werden und sich etablieren. Wie bereits erwähnt ist meine Überzeugung, dass die richtige Kombination von Managementsystemen das Erfolgsgeheimnis ist und dass die individuellen Ansätze niemals allein in der Reinkultur angewendet werden können. Das bedeutet z. B. die Berücksichtigung der Balanced Scorecard und der Objectives & Key Results.

Beim Blick auf den gesamten Prozess wird klar, dass hier ein riesengroßes Rad gedreht wird: Es geht um die komplette Unternehmenssteuerung. Denn der Prozess startet auf der Ebene des Topmanagements und setzt sich über die verschiedenen Ebenen des Unternehmens bis auf Mitarbeiterebene fort.

Dennoch kann man als Faustregel sagen: Es dauert etwa sieben Jahre, um Hoshin Kanri in einer Organisation vollständig und nachhaltig zu implementieren.

Um das Ganze nochmal zusammenzufassen:

- Der Hoshin-Kanri-Prozess fußt auf verschiedenen Grundsätzen. Die Basis des gesamten Prozesses ist der PDCA-Zyklus, der auf die Erreichung der Durchbruchsziele ausgerichtet ist.
- Er setzt beim Topmanagement an, das eine genaue Vorstellung von der Vision und der Strategie des Unternehmens entwickeln muss.
- Danach werden die Ziele und die dafür notwendigen Aktivitäten über alle Ebenen des Unternehmens hinweg – also vertikal –, aber auch zwischen den Bereichen – horizontal – abgestimmt.
- Die Aktionspläne für die Erreichung der Ziele werden kurzzyklisch bzw. agil verfolgt und überprüft.
- Damit ist Hoshin Kanri eine Methode, die eine systematische sowie agile Vorgehensweise für den strategischen Planungs- und Umsetzungsprozess zur Verfügung stellt.
- Führungskräfte und Mitarbeitende werden dabei mithilfe von Werkzeugen befähigt, signifikante Prozessverbesserungen vorzunehmen.

- Wichtig hierbei ist, dass Hoshin Kanri nur dann funktioniert, wenn ein hohes Maß an persönlichen Führungsfähigkeiten existiert.
- Manager und Führungskräfte müssen deswegen intensiv geschult und trainiert werden, da sie als Coach bzw. Mentor für ihre Mitarbeitenden agieren und die Fähigkeit zu experimentieren und zu lernen forcieren müssen.

Zusammenfassung und Ausblick

In diesem Kapitel haben wir uns mit den Grundlagen zu Hoshin Kanri befasst. Wir haben behandelt, wo Hoshin Kanri ursprünglich herkommt und was sich hinter diesem Begriff verbirgt. Außerdem haben wir uns damit beschäftigt, was die konkreten Ziele von Hoshin Kanri sind.
Ebenso haben wir den Hoshin-Kanri-Prozess kennengelernt, der aus acht Schritten besteht. Dieser dient uns als praktischer Leitfaden in diesem Buch.
Dabei ist es wichtig zu beachten, dass eine hohe Qualität der strategischen Ausrichtung von Anfang an notwendig ist. Denn hier liegt das gesamte Fundament des Hoshin-Kanri-Prozesses.
Deswegen schauen wir uns im nächsten Kapitel intensiv die Schritte eins bis drei des Hoshin-Kanri-Prozesses an.

3 Strategische Ausrichtung

Begriffe wie Vision, Mission, Werte und Strategie sind in Wissenschaft und Unternehmenspraxis seit Langem allgegenwärtig. Umso erstaunlicher ist es, wie schwer Unternehmen häufig die Arbeit an der strategischen Ausrichtung fällt.

Im Folgenden werden wir uns die ersten drei Schritte im Hoshin-Kanri-Prozess anschauen, welche die strategische Ausrichtung des Unternehmens beinhalten:

- Das sind die Entwicklung von Vision, Mission und Werten, die Entwicklung der Strategie und die Festlegung von Durchbruchszielen. Die wesentlichen Merkmale der verschiedenen Elemente werden wir im Detail behandeln.
- Außerdem schauen wir uns diverse Praxisbeispiele dazu an und prüfen deren inhaltliche Eignung in Bezug auf die Eigenschaften einer guten strategischen Ausrichtung.

Wir starten mit der langfristigen Ausrichtung des Unternehmens bestehend aus Vision, Mission und Werten. Anschließend beschäftigen wir uns mit der mittelfristigen Ausrichtung, nämlicher der Entwicklung einer Unternehmensstrategie.

Im Zusammenhang mit der Strategie werden wir uns mit einem Thema sehr intensiv auseinandersetzen, und das ist die Erarbeitung von Durchbruchszielen. Durchbruchsziele stellen ein wesentliches Fundament des gesamten Hoshin-Kanri-Ansatzes dar. Deren Qualität, sowohl was die Definition als auch was die Umsetzung angeht, entscheiden maßgeblich über den Erfolg der Zielerreichung.

In welchem Ausmaß ein Unternehmen Durchbruchsziele für sich definiert, ist abhängig vom Reifegrad der Organisation: Und der richtet sich in diesem Zusammenhang danach, ob wir uns als Organisation eher im Firefighing-Modus befinden oder ob wir stabile Prozesse haben.

Hier werde ich Ihnen daher eine pragmatische Vorgehensweise vorstellen, wie Sie den Reifegrad Ihres Unternehmens bewerten können.

Insgesamt gesehen, beinhaltet die lang- und mittelfristige Ausrichtung des Unternehmens zweifellos eine Vielzahl an Informationen, die es zu beachten gilt. Die Schwierigkeit besteht darin, diese Informationen fokussiert und komprimiert darzustellen und vor allem in der Organisation zu verankern. Deswegen stelle ich Ihnen abschließend in diesem Kapitel das Tool Business Strategy Canvas vor, das Ihnen genau das ermöglicht.

Lassen Sie uns im nächsten Abschnitt starten mit der langfristigen Ausrichtung: Vision, Mission und Werte.

3.1 Entwicklung von Vision, Mission und Werten

Schritt eins im Hoshin-Kanri-Prozess (vgl. Abb. 2.3) besteht in der die Entwicklung von Vision, Mission und Werten.

Die Vision

Zu Beginn eine häufig gestellte Frage: Braucht ein Unternehmen eine Vision? Die Antwort lautet aus meiner Erfahrung eindeutig: Ja! Es ist absolut notwendig, dass ein Unternehmen eine Vision hat. Ohne Vision wird es seine Ziele nicht erreichen.

Was also sind die typischen Merkmale einer Vision? Die folgenden sechs Aspekte sollten aus meiner Sicht auf jeden Fall beachtet werden.

Merkmale einer Vision

- Richtung für die Zukunft
- Bildlich vorstellbar
- Zeitrahmen mehr als 10 Jahre
- Positive Wirkung
- Emotional
- Einfach

Die Vision bestimmt und beschreibt das Zukunftsbild eines Unternehmens. Damit gibt sie die **Richtung** für die Zukunft vor. Bildlich gesprochen erfüllt die Unternehmensvision eine »Nordsternfunktion«, indem sie eine klare Richtung vorgibt. Es ist der Ort, zu dem Sie das Unternehmen in der Zukunft führen wollen. Und die Vision beschreibt, wie es dort aussehen soll. Die Vision ist das **Bild**, das für jeden ständig vorstellbar sein sollte, das auch Krisensituationen standhält und das wir immer noch hochhalten, auch wenn wir in einer schwierigen Lage sind.

In der Praxis findet man sehr unterschiedliche **zeitliche Ausrichtungen** von Visionen, von eher kurzfristig bis unendlich. Was der richtige Zeitrahmen für ein Unternehmen ist, lässt sich nicht verallgemeinern und ist abhängig von vielen verschiedenen Aspekten, wie z. B. dem Reifegrad der Organisation, der Kultur oder dem Business-Kontext. Eine gute Faustformel aus meiner Sicht ist, dass die Vision einen Zeitrahmen von mehr als zehn Jahren haben sollte.

Die Menschen in einer Organisation werden nur dann von sich aus auf die Vision hinarbeiten, wenn diese für sie eine **positive Wirkung** erzeugt, sie also intrinsisch motiviert sind. Etwas, wofür sie brennen und Feuer und Flamme sind. Denn nur dann gibt man alles, um dieses Wunschbild zu erreichen.

Dafür sollte die Vision alle in ihrer Persönlichkeit erreichen und **emotional berühren**. Die emotionale Verbundenheit bringt Menschen dazu, die innere Handbremse zu lösen. Emotionen sind die Triebfeder, die dazu motiviert, für eine Aufgabe aufzustehen und jeden Tag die damit verbundenen Herausforderungen engagiert anzugehen, um der Vision näherzukommen.

Schließlich sollte die Vision **einfach** und klar formuliert sein, sodass jeder im Unternehmen sie leicht nachvollziehen kann.

BEISPIEL AUS DER PRAXIS

Ein Kunde von mir, ein weltweit tätiger Hersteller von Montagesystemen für Solaranlagen, den ich seit vielen Jahren im Hoshin-Kanri-Prozess begleite, definierte als seine Vision: »Jede Solaranlage auf der Welt nutzt unsere Montagesysteme.«
Dabei war es ihm wichtig, dass die Vision ein unverwechselbares Bild der Zukunft darstellt und den weit entfernt gelegenen Nordstern abbildet. Die Vision sollte der ewige und konstante Antriebsmotor für alle Menschen in der Firma sein und nicht infrage gestellt werden. Der Abgleich mit den Schlüsselkriterien für eine gute Vision zeigte, dass jedes Kriterium erfüllt war: Die Vision zeigt die Richtung für die Zukunft auf, sie erzeugt ein klares Bild und ist auf mehr als 10 Jahre ausgerichtet. In diesem Beispiel ist sie sogar unendlich. Dass irgendwann jede Solaranlage auf der Welt die Befestigungssysteme dieses Herstellers benutzen wird, erzeugt eine positive Wirkung bei den Mitarbeitenden, berührt emotional und ist für jeden klar verständlich.

Die Mission

Kommen wir zur Mission. Die Mission beschreibt den eigentlichen Zweck des Unternehmens. Simon Sinek hat für die Bestimmung dieses Zwecks den Goldenen Kreis entwickelt.[4]

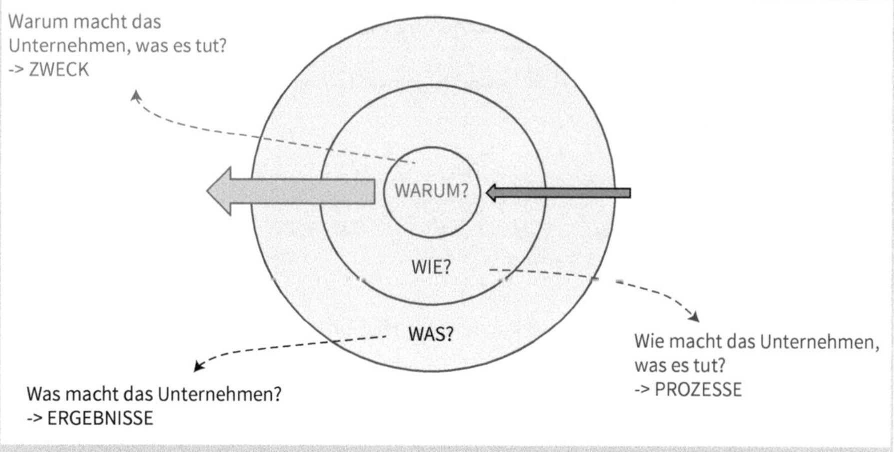

Abb. 3.1: Der Goldene Kreis nach Sinek

Der Goldene Kreis besteht aus drei Kreisen. Der äußere Kreis stellt die Frage nach dem Was. *Was* macht das Unternehmen? Hier geht es um die Ergebnisse. Dieser Kreis umschließt einen zweiten Kreis, der durch die Frage nach dem Wie gekennzeichnet ist. *Wie* macht das Unternehmen, was es

4 Siehe dazu www.youtube.com/watch?v=qp0HIF3Sfl4 (letzter Zugriff: 01.10.2021)

tut? Dieser Kreis beschäftigt sich also mit den Prozessen. In diesem Kreis liegt der eigentliche Kern: ein Kreis mit der Frage nach dem Warum. *Warum* tut das Unternehmen, was es tut? Das ist der Zweck.

Sinek ist der Ansicht, dass die meisten Unternehmen von außen nach innen gehen, um ihren Unternehmenszweck zu definieren.

BEISPIEL AUS DER PRAXIS

Wenn wir einen Mitarbeiter im Unternehmen fragen: »Was macht Ihr Unternehmen?«, dann würde er sagen: »Wir stellen Befestigungssysteme für Solaranlagen her.« Dann stellen wir die Frage: »Wie machen Sie das?« Er würde sagen: »Wir sind besser und schneller als die Konkurrenz. Wir haben eine großartige Technologie, und das zeichnet uns aus«. Erst dann stellen wir die Frage nach dem Warum: »Warum tun Sie, was Sie tun?«
Hier wird es für viele schwierig, weil entweder diese Frage nie richtig beantwortet wurde oder die Menschen es einfach nicht wissen. Eine typische Antwort könnte lauten: »Um Geld zu verdienen oder um finanziellen Erfolg zu erzielen.«

Nach Meinung von Simon Sinek gehen erfolgreiche Organisationen oder erfolgreiche Führungskräfte die Dinge aber genau andersherum an, nämlich von innen nach außen. Sie alle konzentrieren sich nicht auf das Ergebnis, sondern auf den Zweck. Beispielweise ist Geldverdienen das Ergebnis, aber nicht der Zweck eines Unternehmens. Das heißt, sie beginnen mit der Frage nach dem *Warum* und starten mit der Beschreibung des eigentlichen Kerns: warum Mitarbeitende, Lieferanten und Kunden an dem Unternehmen interessiert sein sollten.

Merkmale einer Mission

- Zweck
- Antwort auf das Warum
- Identität
- Positiver Beitrag
- Motto

Schauen wir uns die wesentlichen Merkmale einer Mission an. Zusammengefasst beschreibt die Mission den **Zweck** des Unternehmens.

Wie erwähnt, geht es hier um die tiefen, wirklichen Beweggründe. Die Mission beantwortet die **Frage nach dem Warum** unserer Existenz. Warum macht das Unternehmen, was es tut? Was ist der Grund, der Antrieb oder das Motiv dahinter? Was will man tief im Innern erreichen? Somit gibt die Mission dem Unternehmen eine eindeutige **Identität**: Wofür stehen wir und was ist unser Auftrag? Wie wollen wir gesehen werden und warum sollen die Kunden uns vertrauen und loyal sein?

Eine gute Mission greift Werte auf, die für die Kunden wichtig sind und mit denen sie sich identifizieren können. Die Mission leistet somit einen **positiven Beitrag** für die Menschheit, für die Gesellschaft und für unser Umfeld.

Die Mission kann auch wie ein **Motto** verstanden werden, das den Leitgedanken wiedergibt und in Form eines Slogans formuliert wird. Ein Beispiel ist der Slogan von Nike: »Just do it!« Ein Slogan bleibt im Gedächtnis, ist leicht zu merken.

BEISPIEL AUS DER PRAXIS

Unser Unternehmen aus obigem Beispiel beantwortete das Warum folgendermaßen: »Mit unseren Montagesystemen für Solaranlagen tragen wir dazu bei, die Energienutzung vieler Menschen auf der Erde zu verbessern.«

Auch hier können alle Kriterien für eine Mission bestätigt werden: Die Mission dient einem klaren Zweck und beantwortet somit die Frage nach dem Warum. Sie gibt dem Unternehmen eine Identität, leistet einen positiven Beitrag und lässt sich auch als sein Motto bezeichnen.

Die Werte

Lassen Sie uns als nächstes die Werte betrachten. Der bekannte amerikanischer Sozialwissenschaftler Edgar Schein definiert Unternehmenskultur als »gemeinsame Überzeugungen, Werte und Annahmen von Menschen, die auf ein gemeinsames Ziel hinarbeiten« (Schein 1996, S. 5). Was heißt das nun konkret?

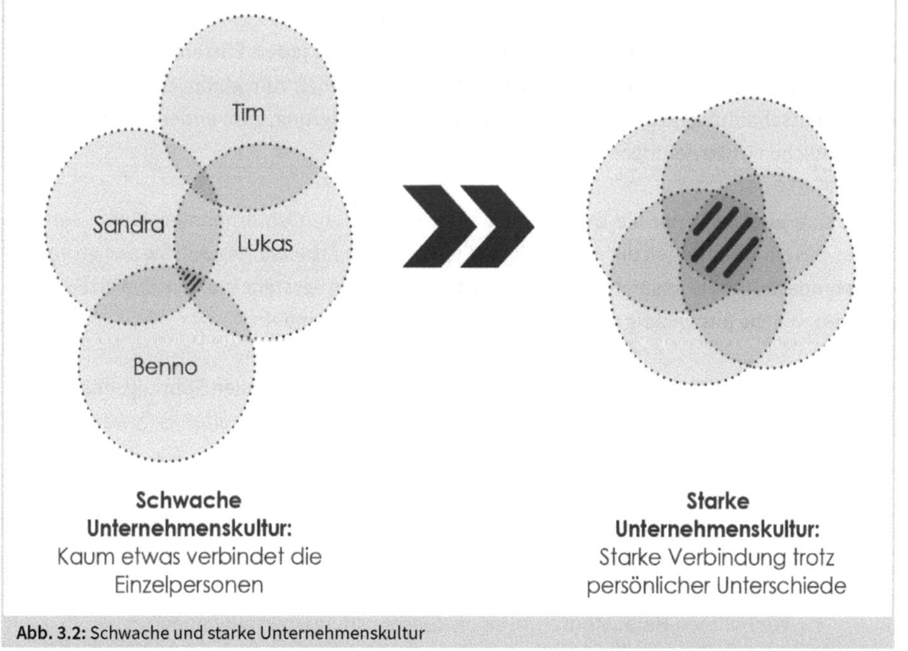

Abb. 3.2: Schwache und starke Unternehmenskultur

In Abbildung 3.2 repräsentieren die vier Kreise auf der linken Seite Mitarbeitende in einem Unternehmen. Hier sehen wir nur kleine Schnittmengen in Bezug auf ihr Verhalten, ihr Werteverständnis und ihre Annahmen. So stellt sich eine eher schwache Unternehmenskultur dar.

Im Bild rechts ist dagegen eine große Schnittmenge zwischen ihnen, die auf ein gemeinsames Werteverständnis, gemeinsame Annahmen und Verhaltensweisen zurückzuführen ist. Es geht dabei nicht darum, individuelle Überzeugungen und Werte zu verändern, sondern darum, eine möglichst große Schnittmenge des unternehmerischen Werteverständnisses in einem Unternehmen zu erreichen.

Werte dienen aber nicht nur dem Unternehmen, sondern auch jedem einzelnen Mitarbeiter. Schauen wir uns die wesentlichen Merkmale von Werten im Detail an.

Merkmale von Werten

- Gemeinsame Überzeugungen
- Betreffen jeden Einzelnen
- Entscheidungsgrundlage
- Verhaltensstandards
- Handlungsorientiert

Hauptmerkmal der Werte sind **gemeinsame Überzeugungen** darüber, wie die Vision erreicht werden kann. Sie stellen unverwechselbare Charaktereigenschaften des Unternehmens dar, die von allen Mitarbeitenden akzeptiert und unterstützt werden und die das Unternehmen von Mitbewerbern abgrenzen.

Somit betreffen Werte nicht nur das Unternehmen, sondern **jeden Einzelnen**. Werte werden vom Unternehmen nach innen und außen vertreten. Sie dienen zum einen jedem Mitarbeitenden als **Entscheidungsgrundlage** und als Handlungsorientierung, zum anderen aber auch der ganzheitlichen Unternehmensführung.

Werte sind also nicht nur die Grundpfeiler einer gut gelebten Unternehmenskultur, sondern zeigen den Mitarbeitenden die notwendigen Richtlinien im Arbeitsalltag auf. Sie stellen **Verhaltensstandards** für die gesamte Organisation dar. Deswegen versteht man unter Werten Eigenschaften, welche uns wichtig sind und nach denen wir auch handeln.

Die klar definierten Unternehmenswerte müssen in der Folge von allen Führungsebenen laufend vorgelebt werden. Nur dann können sie in der Unternehmenskultur verankert werden. Deswegen sollten sie **handlungsorientiert** definiert sein.

BEISPIEL AUS DER PRAXIS

Schauen wir uns die Werte unseres Herstellers für Montagesysteme von Solaranlagen an. Es wurden die folgenden Werte definiert:

- Wir nehmen Herausforderungen an. (*Gemeinsame Überzeugungen*)
- Der Kunde steht im Mittelpunkt. (*Betreffen jeden Einzelnen*)
- Wir verbessern uns kontinuierlich. (*Entscheidungsgrundlage*)
- Nur als Team sind wir stark. (*Verhaltensstandards*)
- Wir respektieren jeden. (*Handlungsorientiert*)

Wie Sie sehen können, sind alle Kriterien erfüllt. Es sind gemeinsame Überzeugungen, betreffen jeden Einzelnen, sind Grundlage für Entscheidungen, sind Verhaltensstandards und sind handlungsorientiert definiert.

Viele Unternehmen stehen vor zwei Herausforderungen, wenn es um die Unternehmenswerte geht: Die erste Herausforderung besteht in der Definition von Unternehmenswerten. Die zweite ist die Integration der Werte in die tägliche Arbeitsroutine, im Grunde genommen in die »DNA« eines jeden Mitarbeiters.

In der Praxis gelingt die Verankerung der Werte leider nur selten. Was bleibt, sind umfangreiche Hochglanzbroschüren oder Visualisierungen, z. B. in Form von Wertewürfeln oder anderen Gimmicks, von denen nur Berater und Agenturen profitieren. Wenn Sie glauben, dass Ihre Organisation Schwierigkeiten bei der Umsetzung von Werten hat, dann versuchen Sie, die Umsetzung der Werte mit dem Führungsverhalten zu verknüpfen und auf dieser Grundlage Maßnahmen zur persönlichen Entwicklung zu definieren.

Es gibt eine Methode, die wir »Werte-Verhaltensprofile« nennen. Sie operationalisiert Werte in Verhaltensprofile. Daraus lassen sich für jede Führungskraft individuelle Entwicklungsmaßnahmen ableiten. Unternehmen wie Toyota und Danaher praktizieren dies seit vielen Jahren, und wir schulen dies auch in unseren Hoshin Kanri Masterclasses.

Wir haben nun den ersten Schritt im Hoshin-Kanri-Prozess besprochen, bestehend aus den Elementen Vision, Mission und den Werten. Im nächsten Abschnitt geht es um die Erarbeitung der Strategie.

3.2 Entwicklung der Strategie

Im **Schritt zwei im Hoshin-Kanri-Prozess** (vgl. Abb. 2.3) leiten wir aus der Vision die Strategie ab.

Die Strategie beantwortet die Frage: Wie kommen wir der Vision mittelfristig einen Schritt näher? Oder: Was ist unser Weg für die nächsten Jahre? Wie schwierig es ist, gute Strategien zu entwickeln, wissen viele Unternehmen aus eigener Erfahrung.

Bei der Entwicklung einer Strategie geht es immer darum, die Zukunft gedanklich vorwegzunehmen und darauf bezogen strategische Entscheidungen zu treffen. Die Schwierigkeit besteht dabei darin, dass niemand weiß, was die Zukunft bringen wird und am Ende darüber nur Annahmen getroffen werden können. Schließlich muss die Strategie zu einem messbaren Wettbewerbsvorteil führen, den das Unternehmen auf lange Sicht verteidigen kann.

Dieser Wettbewerbsvorteil muss im Rahmen der Strategiearbeit identifiziert werden und dann in konkrete Alleinstellungsmerkmale münden. Dies fällt Unternehmen in der Praxis schwer, was sich häufig daran zeigt, dass ich auf die Frage nach der Unternehmensstrategie einen ganzen Wust an Strategiepapieren erhalte. Das sind meist hunderte Seiten an Präsentationen oder Dokumenten, die in den verschiedensten Dateien verteilt sind. Und wenn man Führungskräfte und Mitarbeitende nach der Strategie fragt, kann sie niemand genau erklären.

Wir wollen also im Folgenden erarbeiten, was konkret dahintersteckt, wenn es darum geht, eine Strategie zu entwickeln.

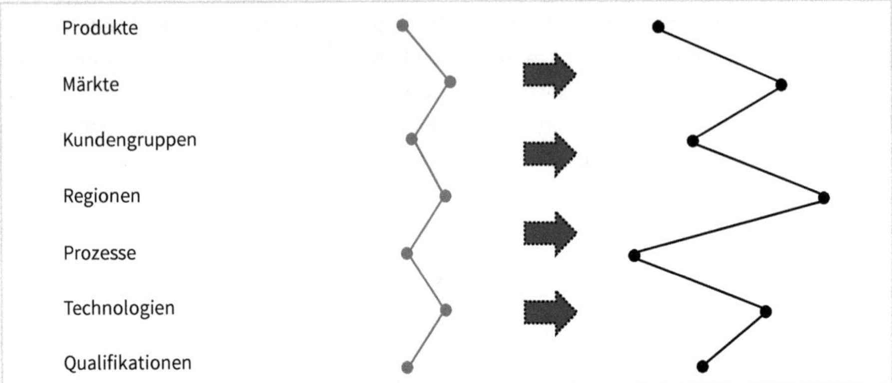

Abb. 3.3: Systematik zur Erarbeitung der strategischen Stoßrichtungen

Jedes Unternehmen ist auf einem bestimmten Spielfeld tätig: Es werden bestimmte Produkte oder Dienstleistungen angeboten, die in speziellen Märkten oder Branchen vertrieben werden.

Dabei werden definierte Kundengruppen bedient, und zwar in genau benannten Regionen. Dies alles erfordert gezielte Prozesse, für die wiederum spezifische Technologien benötigt werden. Und außerdem sind spezielle Mitarbeiterqualifikationen erforderlich. Das Ergebnis: Jedes Unternehmen hat ein individuelles strategisches Profil.

Strategiearbeit bedeutet, über *das zukünftige Spielfeld* und den daraus resultierenden Wettbewerbsvorteil nachzudenken:

- Welche Produkte und Dienstleistungen wollen wir zukünftig anbieten?
- Welche Märkte und Branchen wollen wir angehen?
- Welche Kundengruppen wollen wir bedienen?
- Welche Prozesse benötigen wir?
- Welche Technologien wollen wir einsetzen?
- Welche Qualifikationen brauchen wir hierfür?

Daraus ergibt sich ein *strategisches Profil*, welches wir mittelfristig anstreben.

Im nächsten Schritt müssen wir definieren, welches die wesentlichen *strategischen Stoßrichtungen* sind, um dieses Zukunftsbild zu erreichen. Diese Stoßrichtungen repräsentieren unsere Strategie. Beachten Sie dabei jedoch, dass Sie bei allen strategischen Entscheidungen konsequent reflektieren: Was ist unser Wettbewerbsvorteil, was ist der konkrete Kundennutzen und sind die Kunden bereit, dafür zu bezahlen?

Merkmale einer Strategie

- Alleinstellungsmerkmale
- Messbarer Wettbewerbsvorteil
- Konkrete Stoßrichtungen (maximal 4)
- Mittelfristig: 3 – 5 Jahre

Fassen wir die Merkmale einer guten Strategie zusammen: Eine gute Strategie zeigt **Alleinstellungsmerkmale** auf, die sogenannte Unique Selling Propositions, kurz USP. Diese Alleinstellungsmerkmale münden dann in einen **Wettbewerbsvorteil**, der idealerweise messbar, also bewertbar ist.

Viele Strategien sind allerdings nichts anderes als plakative Schlagworte, die eins zu eins auch auf Unternehmen ganz anderer Branchen passen. An dieser Stelle steht deshalb die Frage im Mittelpunkt: Wie stark bzw. in welchem konkreten Ausmaß differenzieren wir uns von der Konkurrenz? Sicherlich ist das eine Frage, die nicht so leicht zu beantworten ist, aber ihre Beantwortung zeigt, wie gut ein Unternehmen tatsächlich den Markt kennt und sich damit intensiv auseinandersetzt.

Das Ergebnis hieraus sollte nicht in pauschalen Absichtserklärungen münden, sondern es sollten **konkrete Stoßrichtungen** sein. Die Stoßrichtungen empfehle ich auf maximal vier zu begrenzen. Dieser Richtwert hat sich als absolut sinnvoll erwiesen. Mehr verträgt eine Organisation insbesondere vor dem Hintergrund einer Fokussierung nicht.

Während wir in den 1990er Jahren noch Strategien erarbeitet haben, die auf über zehn Jahre ausgerichtet waren, zeigt sich in unserem schnelllebigen Umfeld, das dies überhaupt nicht mehr realistisch ist. Heute macht eher ein **mittelfristiger Zeitrahmen** von drei bis maximal fünf Jahren Sinn. Auf der anderen Seite sollten Sie im Rahmen der Strategiearbeit aber auch nicht zu kurzfristig unterwegs sein, da sonst die Gefahr besteht, dass Sie maßgebliche Zielzustände in der näheren Zukunft nicht erfassen.

BEISPIEL AUS DER PRAXIS

Unser Unternehmen hat folgende strategische Stoßrichtungen erarbeitet:

- Positionierung als Technologieführer mit innovativen Montagesystemen
- Differenzierung durch leistungsstarke Logistik, zeitsparende Montage und einzigartige Lieferzuverlässigkeit
- Stärkung der Marktposition in Europa und Nordarmerika und Expansion nach Asien und Südamerika

Wie Sie sehen können, sind alle Kriterien für die Strategiearbeit erfüllt: Wir sehen klare Alleinstellungsmerkmale, die auch konkret messbar sind. Zum Beispiel lässt sich bewerten, um wie viel zeitsparender unsere Montage im Vergleich zur Konkurrenz ist oder um wie viel zuverlässiger wir in der Liefertreue im Vergleich zum Marktumfeld sind. Ebenso haben wir vier konkrete Stoßrichungen, die für das Unternehmen auf der mittelfristigen Zeitschiene angesetzt wurden.

In diesem Abschnitt haben wir gelernt, dass die Strategie den Weg zum Erreichen der Vision aufzeigt und was die Merkmale einer guten Strategie sind. Im Folgenden befassen wir uns mit der Frage: Wie wissen wir, wie gut wir auf unserem Weg unterwegs sind?

3.3 Festlegen von Durchbruchszielen

Schritt drei im Hoshin-Kanri-Prozess (vgl. Abb. 2.3) besteht in der Festlegung der Durchbruchsziele.

Nachdem wir unseren Weg mithilfe der Strategieentwicklung definiert haben, den wir in den nächsten Jahren beschreiten wollen, müssen wir uns nun fragen: Wie wissen wir, dass wir unserer Strategie näherkommen? Konkret lautet also die Frage: »Was sind die Durchbruchsziele, die wir erreichen wollen, um unsere Strategie umzusetzen?«

Merkmale von Durchbruchszielen

- Signifikante Veränderung
- Grundlegendes Umdenken
- Von der Strategie abgeleitet
- Maximal 3
- Finanzielle und nicht-finanzielle Ziele
- SMART

Zunächst müssen wir klären, was Merkmale von Durchbruchszielen sind. Durchbruchsziele helfen uns, uns bewusst auf diejenigen Ziele zu konzentrieren, die wesentliche bzw. **signifikante Veränderungen** bewirken.

Um Ihnen eine Faustformel zu geben: Bei allem, was über eine 30-prozentige Veränderung hinausgeht, spricht man im Business-Kontext von Durchbruchscharakter. Das heißt, es handelt sich um radikale und tiefgreifende Verbesserungen, die auch ein **grundlegendes Überdenken** der betroffenen Prozesse oder Systeme erfordern. Im weitesten Sinne stehen diese Ziele in Beziehung zu Profitabilität, Wachstum oder Marktanteil bis hin zur Qualität oder zur Entwicklung eines neuen Produktes bzw. einer neuen Serviceleistung.

Durchbruchsziele sind direkt **mit der Strategie verbunden.** Wenn unsere Strategie z. B. lautet: »Wir wollen Technologieführer werden«, dann brauchen wir ein klar definiertes, messbares Ziel für die nächsten drei bis Jahre.

Mein Rat lautet hier: Konzentrieren Sie sich auf **drei Durchbruchsziele.** Durch die Festlegung von maximal drei Durchbruchszielen ist die Organisation gezwungen, ihre Hauptziele zu definieren. »Nur drei Durchbruchsziele?«, werden Sie fragen und anmerken, dass diese Reduzierung nicht möglich ist. Doch, das ist es! Und die Organisation wird Ihnen dafür danken.

Viele Unternehmen sind nämlich nicht in der Lage, sich klar zu fokussieren und Prioritäten zu setzen. Manager sind häufig der Meinung, wenn sie diversifizieren, verringern sie das Risiko von Missmanagement. Oder sie wissen einfach nicht, was die wirklich wichtigen und wirksamen Ziele sind.

Im Zusammenhang mit der Balanced Scorecard hatte ich es schon angesprochen. Grundsätzlich ist es eine gute Idee, Ziele auszubalancieren, indem man sich nicht nur auf finanzielle Ziele, sondern auch auf Marktziele, Kundenziele, Prozessziele und Organisationsziele konzentriert.

Die Gründer der BSC, Kaplan und Norton, prägten den Spruch »Twenty is plenty«, also 20 Ziele sind genug. Das bedeutet bis zu 20 Zielen auf oberster Ebene! Viele Unternehmen haben dadurch völlig ihren Fokus verloren.

Einer meiner Kunden, den ich im Hoshin-Kanri-Prozess begleite, ist in der Logistikbranche tätig. Wir starteten den Strategieprozess und ich gab dem Managementteam als Hausaufgabe bis zu unserem nächsten Treffen auf, drei Durchbruchsziele zu definieren. Sie formulierten acht – auf oberster Ebene eindeutig zu viel.

Dennoch ist es gut, wenn die Durchbruchsziele aus **finanziellen und nicht-finanziellen Zielen** bestehen. Deswegen empfehle ich, sich bei der Ausarbeitung der Durchbruchsziele durchaus an den Perspektiven der Balanced Scorecard zu orientieren.

Durchbruchsziele sind **SMART** definiert. Das heißt: spezifisch, messbar, ambitioniert, realistisch und terminiert. Sie haben auch einen klaren Ausgangspunkt und klare Zielwerte. Der Ausgangspunkt ist das, was wir den Absprungpunkt bzw. den Jumping-off-Point (JOP) nennen.

BEISPIEL AUS DER PRAXIS

Unser Unternehmen für Solarbefestigungssysteme definierte als seine Durchbruchsziele für die nächsten drei Jahre:

- Erhöhung des Umsatzes mit neuen Produkten von 5 % auf 30 %,
- Steigerung des EBIT, was eine Messgröße für den Gewinn ist, von 6 % auf 10 % und
- die Erhöhung des Kundennutzens von 0,7 auf 1,2.

Hier fragen Sie sich vielleicht, wie man den Kundennutzen messbar machen kann. Es gibt eine Bewertungsmethode, die Kundenpotenzialanalyse[5], in der man sich anhand von gewichteten Kundenkriterien mit dem Wettbewerb vergleicht und anschließend seine Bewertung ins Verhältnis zu den größten Mitbewerbern setzt.

Im Beispiel konnten alle Kriterien für Durchbruchsziele erfüllt werden. Die Zielwerte erfordern eine signifikante Veränderung. Alleine die Umsatzerhöhung mit neuen Produkten von 5 % auf 30 % ist eine Versechsfachung sowie die EBIT-Erhöhung eine Erhöhung um 60 %. Somit macht die Erreichung der Zielwerte ein grundlegendes Umdenken erforderlich. Die Ziele sind außerdem mit der Strategie verbunden, es sind maximal drei Durchbruchsziele definiert und wir haben eine Mischung aus finanziellen und nicht-finanziellen Zielen.

Konkret sind es zwei finanzielle Ziele und ein nichtfinanzielles Ziel bezogen auf die Kunden. Sicherlich hätte man auch nur ein Finanzziel und zwei nicht-finanzielle Ziele definieren können. Und genau das muss mit dem Management diskutiert und ausgearbeitet werden. Alle Ziele sind außerdem SMART definiert.

Da das Priorisieren von Durchbruchszielen häufig eine große Herausforderung darstellt, möchte ich Ihnen im Folgenden zwei Werkzeuge vorstellen.

3.3.1 Priorisierungsmatrix

Die Priorisierungsmatrix ist ein relativ einfaches Werkzeug, um die wichtigsten Durchbruchsziele auszuwählen. Dabei werden den potenziellen Zielen bestimmte Entscheidungskriterien, die den Durchbruchscharakter beschreiben, gegenübergestellt.

Das können z. B. sein:

- Signifikante Veränderung in Strukturen oder Prozessen sind notwendig
- Schafft einen signifikanten Wert für Kunden
- Bringt uns in eine signifikant stärkere Marktposition
- etc.

Auf einer Skala von 1 bis 5 wird bewertet, wie stark das Ziel auf das Entscheidungskriterium einzahlt. Anschließend werden die Punkte pro Durchbruchsziele multipliziert und als Wert beim jeweiligen Ziel dokumentiert. Die drei bis fünf Ziele mit den höchsten Werten werden zunächst als die finalen Durchbruchsziele identifiziert. Tabelle 3.1 verdeutlicht dieses Vorgehen.

5 Siehe dazu Kleinhietpaß (2008).

Durchbruchsziel für die nächsten 3 Jahre	Direkter Strategiebezug	Signifikante Veränderung in Prozessen oder Strukturen	Signifikanter Wert für Kunden	Signifikant stärkere Marktposition	Keine Prozesse oder Strukturen vorhanden	Es ist etwas völlig Neues	Im Vergleich zum stärksten Wettbewerber signifikant besser	»Big Win«: Steigerung von mehr als 30 % innerhalb dr nächsten 3 – 5 Jahre	Durchschnitt
Liefertreue erhöht um 30 %	5	4	2	3	4	4	5	4	4,4
Kundenzufriedenheit steigern um 10 %	4	4	3	3	4	4	3	4	4,1
Umsatz steigern um 30 %	3	3	4	5	3	3	4	4	4,1
Produktqualität um 29 % erhöhen	1	3	4	5	3	3	3	4	3,7
EBIT steigern um 5 %	4	2	3	4	2	1	3	4	3,3
Mitarbeiterengagement um 5 % erhöhen	2	2	3	4	2	1	3	4	3,0

Tab. 3.1: Priorisierungsmatrix (5 = trifft zu 100 % zu; 4 = trifft zu 80 % zu; 3 = trifft zu 50 % zu; 2 = trifft zu 30 % zu; 1 = trifft zu 0 % zu)

Bei der Priorisierungsmatrix ergeben sich meist eine Handvoll (drei bis fünf) dominante Durchbruchsziele , die die Schwerpunkte der mittelfristigen Strategie bilden. Falls jedoch mehrere Ziele mit einem ähnlich hohen Score identifiziert werden, müssen diese nochmals sorgfältig analysiert werden.

3.3.2 9-Felder-Matrix

Alternativ zur Priorisierungsmatrix hat sich die 9-Felder-Matrix bewährt. Diese basiert auf einem zweistufigen Priorisierungsprozess und wird vornehmlich dann eingesetzt, wenn sehr viele Vorschläge aus dem Managementteam kommen oder potenzielle Durchbruchsziele eher vage in den Köpfen verankert sind und somit keine Klarheit darüber besteht.

Zunächst werden potenzielle Durchbruchsziele dahingehend bewertet, wie hoch der Durchbruchszielcharakter (s. Tab. 3.2) und wie hoch die Strategierelevanz (s. Tab.3.3) sind. Für beide Dimensionen gilt es, die jeweiligen beschreibenden Eigenschaften auf einer Skala von 0 = kein

Einfluss bis 3 = hoher Einfluss zu bewerten. Anschließend wird pro Dimension ein Durchschnittswert gebildet.

Durchbruchszielcharakter	0 = kein	1 = gering	2 = mittel	3 = hoch
Signifikante Veränderung in Prozessen oder Strukturen notwendig				
Komplette Veränderung unserer bisherigen Vorgehensweisen notwendig				
Es ist etwas völlig Neues, »Big Win«				
Im Vergleich zum stärksten Wettbewerber signifikant besser				
Steigerung von mehr als 30 % innerhalb der nächsten 3–5 Jahre				
Die Organisation wird aus der Komfortzone herausgeholt (Wir wissen heute nicht, wie wir es erreichen können)				
Erfordert es eine »cross-funktionale« Einbindung?				
Umsetzungsdauer von mindestens 3 Jahren				
Durchschnitt				

Tab. 3.2: Bewertung des Durchbruchszielcharakters

Durchbruchszielcharakter	0 = kein	1 = gering	2 = mittel	3 = hoch
Direkter Bezug zur Strategie bzw. zur strategischen Ausrichtung				
Einfluss auf unser bestehendes bzw. angestrebtes Geschäftsmodell				
Schafft signifikanten Wert für unsere Kunden				
Forciert den Aufbau einer USP				
Schafft eine signifikante stärkere Marktposition				
Erfordert unsere strategisch wichtigen Kernkompetenzen				
Hat »Enabler-Charakter« im Sinne von Befähiger für die Umsetzung der Strategie				
Durchschnitt				

Tab. 3.3: Bewertung der Strategierelevanz

Der jeweilige Durchschnittswert pro potenziellem Durchbruchsziel wird anschließend auf der 9-Felder-Matrix eingetragen. Daraus ergeben sich pro Durchbruchsziel verschiedene Handlungsoptionen (s. Legende Tab. 3.3). Handelt es sich bei dem Ziel um einen hohen Durchbruchszielcharakter und einer hohen strategischen Relevanz, befindet es sich im Quadranten A und sollte unter Vorbehalt ggf. anderer in A liegenden Ziele weiter verfolgt werden. Befindet sich im Gegensatz dazu das Ziel im Quadranten I, dann sollte es als Durchbruchsziel nicht aufgenommen werden. Liegt z. B. ein Ziel im Quadranten B und keines in A, dann sollte hinterfragt werden, wie stark überhaupt Durchbruchsdenken eine Rolle für das Unternehmen spielt oder inwieweit die Organisation in der Lage ist, sich aus der Komfortzone herauszubewegen.

Der Vorteil dieser Vorgehensweise liegt klar in dem mehrstufigen Priorisierungsprozess, bei dem am Ende klare Handlungsoptionen hinsichtlich der Auswahl empfohlen werden.

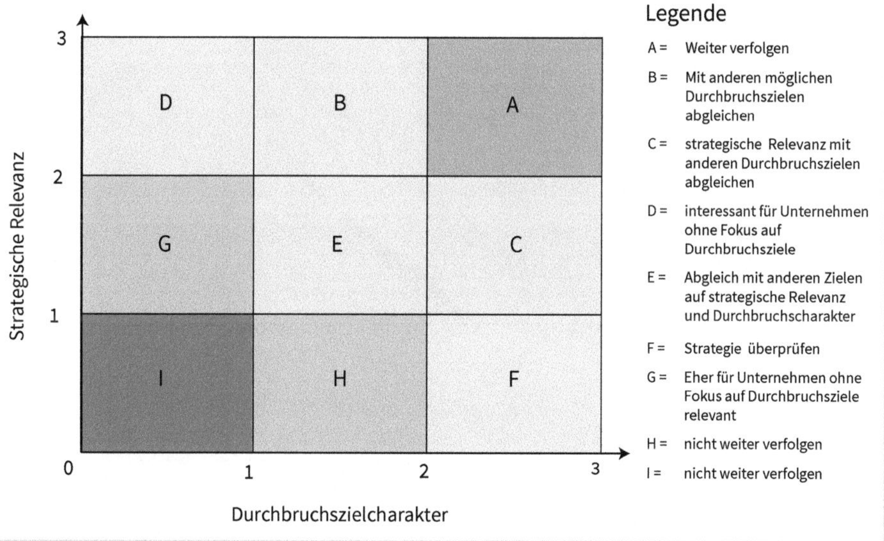

Abb. 3.4: 9-Felder-Matrix

Sind nun die Durchbruchsziele festgelegt, werden sie im nächsten Schritt in konkrete Jahresziele für alle Organisationseinheiten übersetzt.

In diesem Kapitel haben wir uns mit der Definition von Durchbruchszielen und deren Merkmalen beschäftigt. Nun müssen wir uns noch einen Aspekt näher anschauen, und zwar den Reifegrad von Organisationen, denn davon ist abhängig, inwieweit ein Unternehmen in der Lage ist, mit »echten« Durchbruchszielen umzugehen.

3.4 Reifegrad von Unternehmen

Wir haben es im letzten Abschnitt gesehen: Durchbruchsziele sollen signifikante Veränderungen herbeiführen und fordern uns heraus, darüber nachzudenken, wie wir unser Geschäft oder unsere Prozesse völlig anders als bisher gestalten können. Ein Thema, das eng damit verknüpft ist, ist die Frage, wie umfangreich eine Organisation mit Durchbruchszielen arbeitet.

Wenn man den Begriff »Durchbruch« ernst nimmt, könnte das Erreichen dieser Ziele sogar bedeuten: Etwas bahnbrechend Neues zu tun. Wir sind also gezwungen, wirklich strategisch und innovativ zu denken.

Meine Erfahrung zeigt, dass der Umgang mit echten Durchbruchszielen stark vom Reifegrad eines Unternehmens abhängt. Lassen Sie mich die Schwierigkeiten bei der Definition von Durchbruchszielen etwas ausführlicher erläutern.

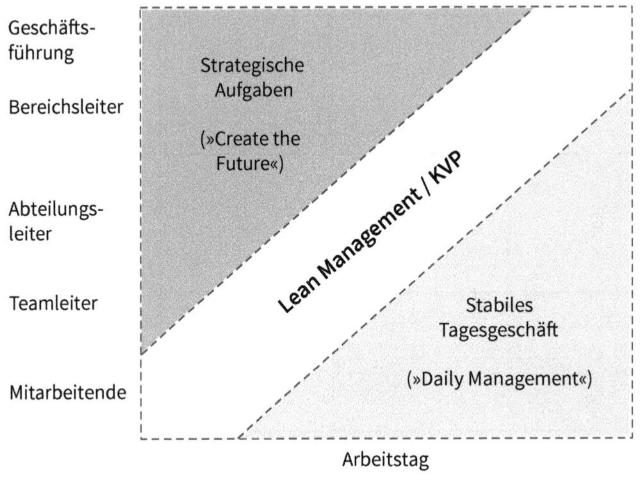

Abb. 3.5: Hoher Reifegrad von Organisationen

In Abbildung 3.5 sind auf der Längsachse die Hierarchieebenen, also Geschäftsführung, Bereichsleiter, Abteilungsleiter, Teamleiter und Mitarbeitende, aufgeführt. Auf der x-Achse haben wir einen Arbeitstag.

Normalerweise gilt: Je höher wir in der Hierarchieebene stehen, desto mehr sollten wir uns um strategische Aufgaben kümmern und alle Fragen im Zusammenhang mit »Create the Future« beantworten. Dafür werden Manager bezahlt. Je weiter unten wir in der Hierarchieebene sind, desto mehr müssen wir für ein stabiles Tagesgeschäft sorgen, was auch als »Daily Management« bezeichnet wird.

Im dem diagonalen Zwischenraum werden Aktivitäten im Rahmen von Lean Management und kontinuierlichen Verbesserungsprozessen (KVP) umgesetzt. Sie werden auf allen Ebenen durchgeführt und separieren das operative Geschäft von den strategischen Aufgaben.

In einem solchen Szenario würde das Management seine Durchbruchsziele kennen und sich auf diese konzentrieren. Die unteren Ebenen sorgen für die Sicherstellung des Tagesgeschäfts und alle Ebenen sind an Aktivitäten zur kontinuierlichen Verbesserung involviert.

Frage an Sie: Schaut das in Ihrem Unternehmen auch so aus? Meine Erfahrung zeigt, dass die Antwort auf diese Frage in den meisten Unternehmen »Nein« lautet. In der Realität finden wir häufig einen niedrigen Reifegrad in den Unternehmen vor.

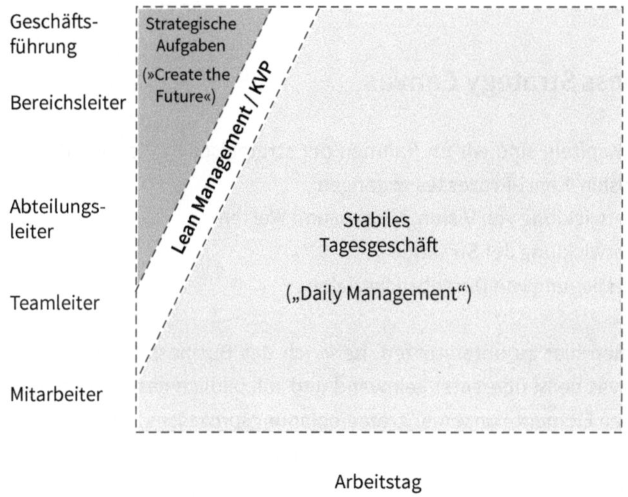

Abb. 3.6: Niederer Reifegrad von Organisationen

In Abbildung 3.6 ist der diagonale Raum nach links verschoben. Das Management konzentriert sich stark auf das Tagesgeschäft und verbringt die meiste Zeit mit Feuerlöschaktionen. Dadurch haben die Führungskräfte mit so unterschiedlichen Zielen zu tun, dass sie nicht in der Lage sind, einen klaren Fokus zu finden. Schließlich haben sie gar keine Zeit, über die Zukunft nachzudenken. In einer solchen Situation ist ein Unternehmen überhaupt nicht in der Lage, mit Durchbruchszielen im Sinne von etwas bahnbrechend Neuem umzugehen – außer, es gibt eine wirklich hohe Dringlichkeit.

Deswegen empfehle ich Ihnen: Bewerten Sie den Reifegrad Ihres Unternehmens.[6] Wenn er niedrig ist, betrachten Sie es als einen evolutionären Prozess, um der idealen Situation wie in Abbildung 3.5 näherzukommen.

6 Auf meiner Homepage finden Sie einen Fragen Katalog zum Reifegrad Ihrer Strategieumsetzung: https://www.onlineumfragen.com/login.cfm?umfrage=111356

Hoshin Kanri wird Ihnen auf diesem Weg helfen. In den ersten Jahren werden sich die Durchbruchsziele somit zunächst auf die Stabilisierung des Tagesgeschäfts konzentrieren. In den folgenden Jahren werden die Ziele einen höheren Durchbruchscharakter haben. Bitte beachten Sie jedoch: Der Inhalt der Durchbruchsziele hängt immer von der Strategie und der aktuellen Situation des Unternehmens ab.

In den letzten Kapiteln haben wir die lang- und mittelfristige Ausrichtung von Unternehmen behandelt und die Elemente Vision, Mission, Werte, Strategie und Durchbruchsziele im Detail betrachtet.

Die Frage ist nun, wie wir diese geballten Informationen so darstellen und kommunizieren können, dass sie für alle im Unternehmen verständlich ist und vor allem sich auch alle merken können. Dafür stelle ich Ihnen hierfür im nächsten Abschnitt ein überaus nützliches Werkzeug vor.

3.5 Business Strategy Canvas

In den letzten Kapiteln sind wir im Rahmen der strategischen Planung durch die ersten drei Schritte des Hoshin-Kanri-Prozesses gegangen:

- Schritt 1: Entwicklung von Vision, Mission und Werten
- Schritt 2: Entwicklung der Strategie
- Schritt 3: Festlegung von Durchbruchszielen

Um Unternehmen hier zu unterstützen, habe ich das Business Strategy Canvas entwickelt. Der Begriff Canvas heißt übersetzt Leinwand und soll bildlich gesprochen ein Plakat sein, das alle wesentlichen Elemente unseres Strategieplanungsprozesses auf einer Seite und damit auf einen Blick darstellt. Häufig werden Geschäftsmodelle mit einem Canvas visualisiert.

Abbildung 3.7 zeigt das Business Strategy Canvas unseres Herstellers von Solarbefestigungssystemen, dessen Inhalte wir bereits besprochen haben.

Oben sehen wir die Elemente Vision (Wo wollen wir hin?), Mission (Wer sind wir?) und Werte (An was glauben wir?).

Unten sehen wir die Strategie (Was ist unser Weg?) und schließlich die Durchbruchsziele (Wie messen wir unseren Fortschritt?).

All diese Elemente wurden in verschiedenen Workshops auf der Grundlage der bereits behandelten Kriterien gemeinsam mit dem Management entwickelt. Die Ergebnisse wurden anschließend in die Canvas-Vorlage übertragen. Das Canvas hat zwei wesentliche Vorteile: Zum einen hilft es, die vielen Ideen und Konzepte, die jeder Einzelne im Kopf hat, auf die wesentlichen und einfachen Kernbotschaften zu reduzieren. Der zweite Vorteil ist, dass man alles auf einer Seite hat, was hilft, die strategische Ausrichtung dem gesamten Unternehmen zu vermitteln.

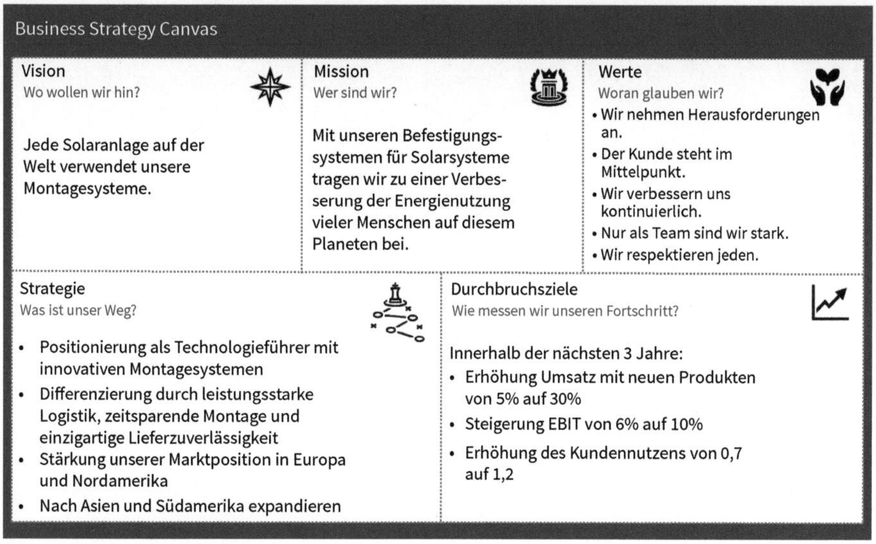

Abb. 3.7: Business Strategy Canvas

Zusammenfassung und Ausblick

In diesem Kapitel haben wir die ersten drei Schritte im Hoshin-Kanri-Prozess, bestehend aus lang- und mittelfristiger Ausrichtung, im Detail behandelt. Dabei haben wir die wesentlichen Elemente von Vision, Mission, Werten, Strategie und Durchbruchszielen sowohl in der Theorie als auch in der Praxis kennengelernt. Im Zusammenhang mit der Erarbeitung von Durchbruchszielen haben wir uns außerdem damit auseinandergesetzt, wie wichtig es ist, den Reifegrad einer Organisation zu berücksichtigen.
Im nächsten Kapitel befassen wir uns damit, wie das Ganze in die jährliche unternehmensweite Zielplanung überführt wird.

4 Zielplanung auf Topebene

Im letzten Kapitel haben wir den strategischen Planungsprozess, nämlich die mittel- und langfristige Ausrichtung behandelt. Nun führen wir dies in den jährlichen Regelkreis – den Plan-Do-Check-Act-Zyklus über. Der PDCA-Zyklus beinhaltet in den Schritten vier bis acht die unternehmensweite Zielplanung sowie die Zielumsetzung für das kommende Jahr.

In diesem Kapitel konzentrieren wir uns auf **Schritt vier im Hoshin-Kanri-Prozess** (vgl. Abb. 2.3). Hier werden wir uns anschauen, wie der jährliche Zielplanungsprozess auf der Topunternehmensebene abläuft. Dabei werden wir ein grundlegendes Instrument von Hoshin Kanri kennenlernen, nämlich die sogenannte X-Matrix.

Um das schon kurz vorwegzunehmen: Die X-Matrix ist ein hervorragendes Werkzeug, um die verabschiedeten und abgestimmten Ziele auf den oberen Unternehmensebenen komprimiert darzustellen. Das Management liebt die X-Matrix. Dennoch hat sie auch ihre Tücken.

Damit Sie während der Erarbeitung die Qualität Ihrer Ergebnisse kontinuierlich überprüfen können, stelle ich Ihnen an den kritischen Punkten entsprechende Checklisten vor. Außerdem werden wir uns die X-Matrix ausführlich an einem Beispiel aus meiner Praxis anschauen, um Ihnen diese Methode so anschaulich wie möglich zu vermitteln.

Ergänzend werden wir weitere Instrumente kennenlernen, wie das sogenannte Bowling Chart und agile Meilensteinpläne.

Wie bereits erwähnt fokussiert Hoshin Kanri insbesondere darauf, typisches Silo- oder Abteilungsdenken zu vermeiden – und dies fängt bereits auf oberster Unternehmenseben an. Deswegen werden wir uns in diesem Kapitel auch damit beschäftigen, wie die bereichsübergreifende bzw. die horizontale Abstimmung von Zielen erfolgt.

4.1 Die X-Matrix

In Schritt vier findet die jährliche Zielplanung auf der obersten Unternehmensebene statt. Dieser Prozessschritt wird durch die X-Matrix unterstützt, die wir im Folgenden im Detail kennenlernen werden.

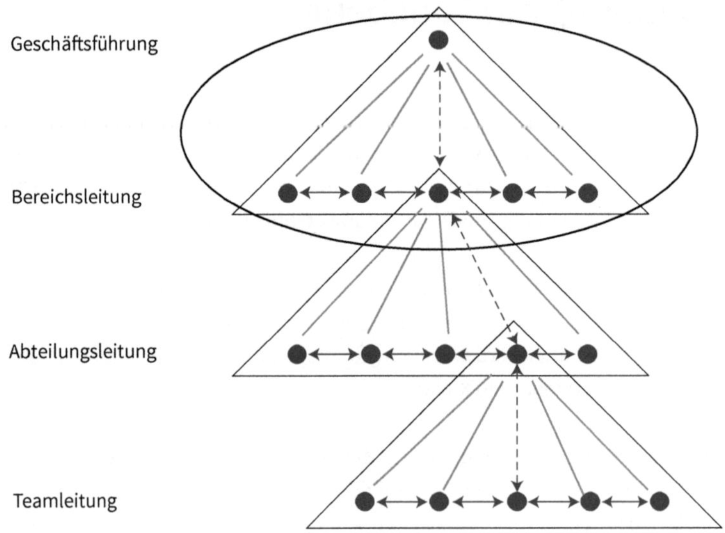

Abb. 4.1: Zielklausur Top Level

Lassen Sie uns anschauen, was hier konkret passiert. Abbildung 4.1 zeigt eine beispielhafte Unternehmensstruktur mit den Hierarchieebenen bestehend aus Geschäftsführung, Bereichsleitung, Abteilungsleitung und Teamleitung.

Die Zielabstimmung auf oberster Unternehmensebene findet zwischen der Geschäftsführung und der Bereichsleitung statt. Hier werden die Ziele zwischen diesen beiden Ebenen abgestimmt. Man nennt dies auch die vertikale Abstimmung.

Wichtig dabei ist es, dass es auch hier schon zusätzlich eine horizontale Abstimmung zwischen den Bereichen gibt. Denn viele Zielprozesse starten bereits hier in den Bereichssilos, ohne eine übergreifende Abstimmung der Ziele vorzunehmen. Dies mündet dann zwangsläufig in Zielkonflikte, die sich auf den nächsten Ebenen nicht mehr auflösen lassen.

Genau diesem Silodenken wirkt Hoshin Kanri entgegen und stellt sicher, dass zuerst diese cross-funktionale Abstimmung erfolgt, bevor Ziele auf den nächsten Ebenen geplant werden. Die Zielplanung auf Top Level besteht wiederum aus fünf Schritten, deren Ergebnisse anschließend in der X-Matrix dokumentiert werden:

1. Was? (»6 Uhr«)
2. In welchem Umfang dieses Jahr? (»9 Uhr«)
3. Wie? (»12 Uhr«)
4. Wie viel? (»3 Uhr«)
5. Wer?

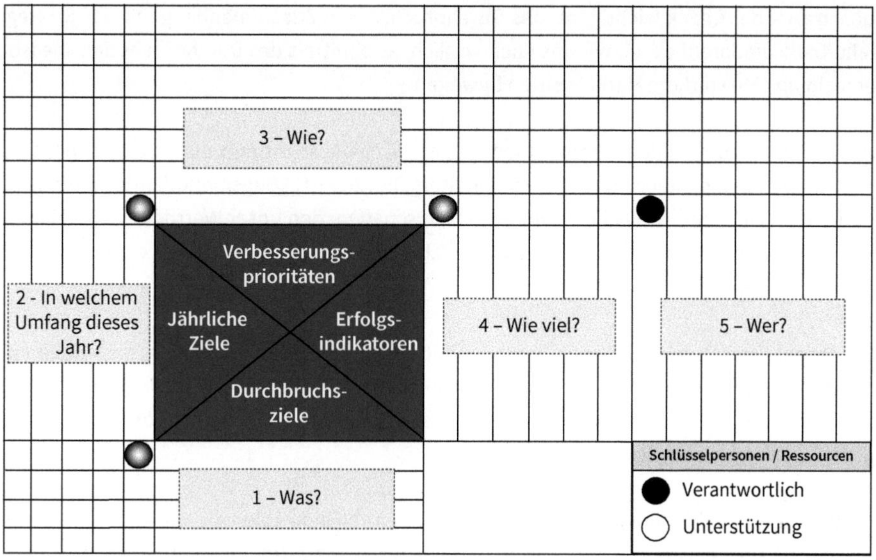

Abb. 4.2: Die X-Matrix

Die X-Matrix zeigt auf nur einem Blatt Papier alle vereinbarten Ziele und wichtigen Informationen der ersten beiden Ebenen. Sie können sehen, dass das X das Blatt in vier separate Bereiche und einen zusätzlichen Bereich unterteilt.

4.1.1 Der Sechs-Uhr-Quadrant

Im unteren Quadranten – auch Sechs-Uhr-Position genannt – tragen wir unsere Durchbruchsziele (s. Kap. 3.3), das »Was« ein. Hier noch einmal zur Erinnerung eine etwas ausführlichere Checkliste, die Sie gemeinsam mit dem Management verwenden können, um die Qualität der definierten Durchbruchsziele zu prüfen.

Checkliste für Durchbruchsziele

- Stehen die Durchbruchsziele in Zusammenhang mit der Strategie?
- Schaffen sie signifikanten Wert für unsere Kunden?
- Wird die Organisation aus der Komfortzone herausgeholt?
- Ist das Durchbruchsziel messbar?
- Sind der Ausgangswert und der Zielwert klar benannt?
- Steht das Management zu 100 % hinter den Zielen?
- Sind max. 3 Durchbruchsziele festgelegt?

Zunächst ist der Check wichtig, ob das Durchbruchsziel in Zusammenhang mit der Strategie steht. Das zielt darauf ab, ob wir uns nachweislich, also mittels des Durchbruchsziels messbar gemacht, in eine stärkere Marktposition bewegen.

Wie wir auch schon bei dem Themenblock »strategische Ausrichtung« diskutiert haben, sollte die Strategie Alleinstellungsmerkmale beinhalten. Die Alleinstellungsmerkmale definieren sich dadurch, ob wir einen wirklichen Kundennutzen schaffen, den unser Wettbewerb so nicht erzielen kann. Aus diesem Grund ist der Check wichtig, ob die Durchbruchsziele einen signifikanten Wert für unsere Kunden schaffen.

Kerngedanke der Durchbruchsziele ist es, damit aufzuhören, was man schon immer gemacht hat, sowie Mitarbeitende und Führungskräfte anzustoßen, ihre »Komfortzonen« zu verlassen und über neue Methoden und Verbesserungsideen nachzudenken. Durch »business as usual« ist ein Durchbruchsziel nicht erreichbar.

Vor allem ist Teamwork zwischen den oftmals etablierten Abteilungssilos erforderlich. Deswegen gilt es zu hinterfragen, ob die Durchbruchsziele so gesetzt sind, dass die Organisation und damit auch die einzelnen Abteilungen aus der Komfortzone herausgeholt werden. Auch die bereits genannte Faustformel »Ist eine Verbesserung größer 30 % notwendig?« kann Ihnen hier als Check dienen.

Wichtig ist, dass die Durchbruchsziele keine qualitativen Aussagen sind, sondern messbar und somit quantifiziert sein müssen. Dafür gilt es zunächst einen klaren Ausgangswert zu definieren. Dieser wird auch Jumping-off-Point genannt. Außerdem brauchen wir einen Zielwert. Er ist spezifiziert als »von … auf …«. Wie wir auch schon besprochen haben: Stellen Sie sicher, dass Sie nicht mehr als drei Durchbruchsziele definiert haben. Abschließend machen Sie den Check, ob alle Beteiligten zu 100 % hinter den Zielen stehen.

4.1.2 Der Neun-Uhr-Quadrant

Zurück zur X-Matrix: Im linken Quadranten – der Neun-Uhr-Position – fügen wir die Jahresziele ein. Hier beantworten wir die Frage: In welchem Umfang wollen wir uns in diesem Jahr bewegen?

Auch hierfür haben wir eine Checkliste.

Checkliste für Jahresziele

- Die Jahresziele spiegeln die erste Etappe auf dem Weg zum Durchbruchsziel wider.
- Sind max. 3 Jahresziele festgelegt?
- Sind Ausgangswert und Zielwert klar benannt?
- Ist eine »Hockey-Stick-Planung« vermieden?
- Dabei gilt folgende Faustregel: 1. Jahr 50 %, 2. Jahr 30 % und 3. Jahr 20 %.
- Steht das Management zu 100 % hinter den Jahreszielen?

Die jährlichen Hoshin-Ziele sind diejenigen Ziele, die für ein Jahr notwendig sind, um die Durchbruchsziele zu erreichen. Das Jahresziel ist nichts anderes als die erste Etappe auf dem Weg zum Durchbruchsziel, d. h., es unterscheidet sich lediglich in der Zielvorgabe, die auf ein Jahr heruntergebrochen wird. Nehmen wir einmal an, das Durchbruchsziel würde lauten: »Senkung der Fehlerquote von 80 % innerhalb von drei Jahren«. Dann würde sich z. B. das Topmanagement und die zweite Führungsebene auf das jährliche Hoshin-Ziel »Fehlerquote für das kommende Jahr um 50 % senken« einigen.

Dadurch, dass sich die Jahresziele nur um den Zielwert unterscheiden, werden es auch hier maximal drei Jahresziele sein.

Wie bei der Festlegung der Durchbruchsziele sind auch die Jahresziele klar definiert, mit einem Ausgangswert – dem Jumping-off-Point – und dem Zielwert für das kommende Jahr.

MEIN TIPP

In diesem Zusammenhang möchte ich Ihnen einen weiteren Hinweis geben: Achten Sie darauf, eine »Hockey-Stick-Planung« zu vermeiden. Was das bedeutet, illustriert Abbildung 4.3.

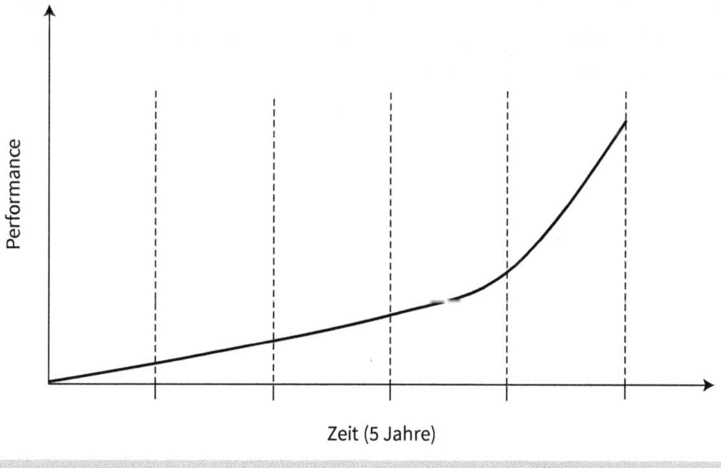

Abb. 4.3: Klassische Zielplanung

Führungskräfte planen sehr häufig ihre Ziele, wie es die rote Kurve in Abbildung 4.3 zeigt. Anfang des Jahres sehen wir einen moderaten Anlauf in der Planung, mit der Vorhersage, dass zum Ende des Jahres die Früchte geerntet werden können. Das wird auch als progressiver Verlauf bezeichnet.

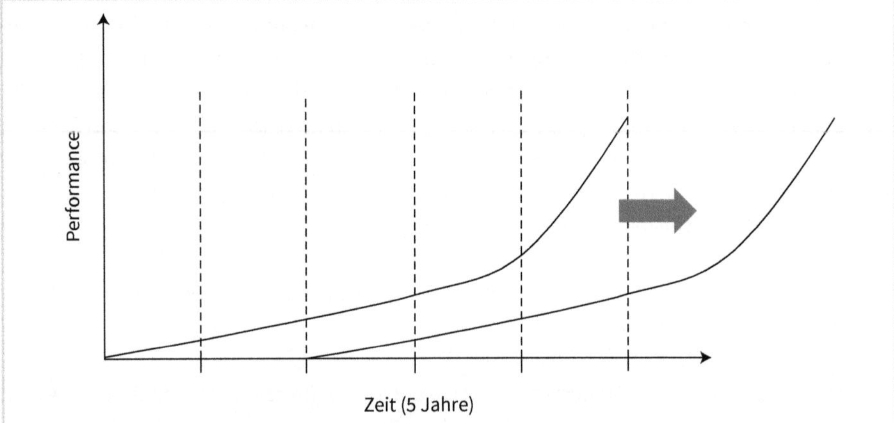

Abb. 4.4: Hockey-Stick-Planung

Sehr häufig geht jedoch dieser Plan nicht auf, was dazu führt, dass der Hockey Stick immer mehr nach rechts geschoben wird und man vergeblich auf die versprochenen Ergebnisse wartet (vgl. Abb. 4.4).

Rufen Sie sich und dem Management immer wieder ins Gedächtnis, dass Durchbruchsziele bzw. Durchbruchsdenken auch »Game Changing« bedeutet, also das Spiel und die Regeln komplett zu verändern. Die Organisation *soll* ja gerade auch aus der Komfortzone geholt werden und mit oberster Priorität an den Themen arbeiten.

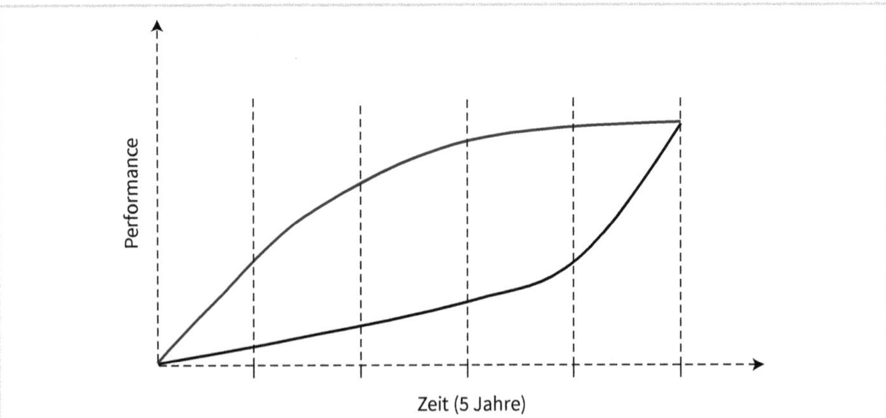

Abb. 4.5: Durchbruch heißt »Game Changing«

Insofern kann auch eine sehr herausfordernde Planung bereits im ersten Jahr Sinn machen – wie die blaue, degressive Kurve in Abbildung 4.5 zeigt. Welche Planung Sie vornehmen, liegt natürlich auch an der Beschaffenheit der notwendigen Umsetzungsmaßnahmen. Wenn z. B.

erst bestimmte Voraussetzungen im Vorfeld geschaffen werden müssen, dann kann sich erst einmal nicht viel in Richtung einer Performanceverbesserung tun.

Nehmen wir an, Sie wollen nach China expandieren. Das können Sie nur machen, wenn im Vorfeld eine Vertriebsorganisation geschaffen wird. Das bedeutet, dass Sie höchstwahrscheinlich im ersten Jahr keinen positiven Effekt auf den Umsatz realisieren werden, sondern vielmehr einen starken Anstieg der Kosten. Deswegen empfehle ich Ihnen vor diesem Hintergrund, die Planung jedes Ziels mit dem Managementteam genau zu diskutieren.

Die Faustregel 50 % Zielerreichung im 1. Jahr, 30 % im 2. Jahr und 20 % im dritten Jahr kann bei der Diskussion helfen.

Machen Sie auch hier den abschließenden Check, ob das Management zu 100 % hinter den Zielen steht und somit volles Commitment besteht.

4.1.3 Der Zwölf-Uhr-Quadrant

Nachdem die Jahresziele festgelegt sind, wird oben in der X-Matrix erarbeitet, welche Verbesserungsprioritäten notwendig sind, um die Jahresziele zu erreichen. Dies ist die Zwölf-Uhr-Position.

Während bei der Zielerarbeitung das »Was« beantwortet wird, gilt es nun, Antworten auf die Fragen nach dem »Wie« zu finden. Verbesserungsprioritäten sind also diejenigen Schwerpunktthemen, auf die man sich konzentriert, um die Durchbruchsziele zu erreichen. Im Mittelpunkt steht somit die Frage: »Wie schaffen wir den Durchbruch?«

Wenn als Jahresziel z. B. die Steigerung des Umsatzes um 20 % festgelegt wurde, könnte eine Verbesserungspriorität lauten: »Wir müssen Neukunden in den Regionen Amerika und Asien generieren«.

Falls noch kein Prozess für die Generierung der Neukunden in diesen Regionen besteht, dann *muss* die Verbesserungspriorität sogar heißen: »Definieren und Implementieren eines Prozesses zur Generierung von Neukunden in den Regionen Amerika und Asien«.

Das bedeutet, dass man sich den Mehrjahres-Durchbruchszielen in Stufen annähert. Das möchte ich Ihnen anhand der Abbildung 4.6 erläutern.

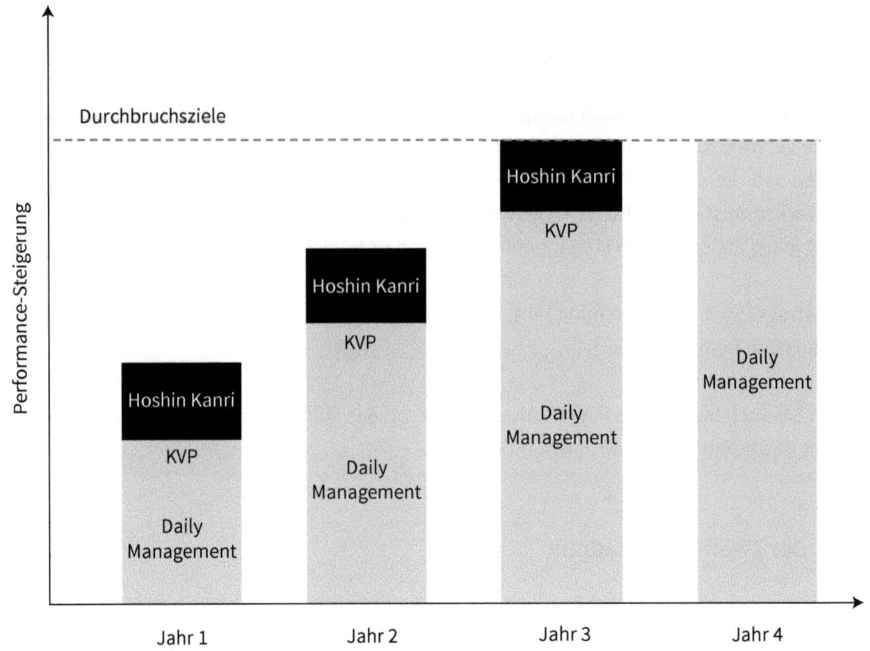

Abb. 4.6: Stufenweise Durchbruchsziele erreichen

Zunächst werden im ersten Jahr die Standards gesetzt, sodass im nächsten Jahr tatsächlich das nächste Level oder sogar der aufbauende Prozesse implementiert werden kann, was insgesamt zu einer Performance-Steigerung führt.

Dabei muss man unterscheiden zwischen Verbesserungsaktivitäten, die im Rahmen von KVP-Maßnahmen und solchen, die im Rahmen von Hoshin Kanri gemacht werden. KVP-Maßnahmen, die zusätzlich zum Daily Management, also zum Tagesgeschäft, getätigt werden, bewirken jedes Jahr eine gewisse Verbesserung – sagen wir z. B. 5 %. Die Erfahrung zeigt aber, dass KVP-Maßnahmen oft nur bis zu einem bestimmten Maß möglich sind.

Wenn aber umfangreichere Verbesserungen notwendig sind, reichen schrittweise Optimierungen nicht aus, um ein Unternehmen auf ein höheres Niveau zu bringen. Dies kann dementsprechend nur durch radikalere Veränderungen erreicht werden. Und genau das wollen wir ja mit Hoshin Kanri, in dem wir z. B. sagen, wir zielen auf eine Verbesserung von 30 % ab.

Dennoch verfolgen sowohl KVP-Aktivitäten als auch Hoshin-Kanri-Maßnahmen die Idee, dass die Verbesserungsaktivitäten, die im Jahr eins getätigt werden, im Jahr zwei ins Daily Management überführt werden, da sie zu Standards bzw. zu Standardabläufen geworden sind.

Ziel ist es also, einen Prozess zum Standard zu machen bzw. zu etablieren, sodass der Prozess nach einem Jahr im Tagesgeschäft weiterläuft. Dadurch haben wir im Jahr zwei wieder Platz für weitere Verbesserungsaktivitäten im Rahmen von KVP und Hoshin Kanri, die im Jahr drei wiederum ins Tagesgeschäft überführt werden.

Im Jahr drei haben wir wieder KVP- und Hoshin-Aktivitäten und diese werden im Jahr vier wiederum Bestandteil des Tagesgeschäfts. Somit folgt Hoshin Kanri der Grundidee von KVP, dass wir uns schrittweise an Ziele annähern, das Ganze jedoch in größeren Schritten.

Checkliste für Verbesserungsprioritäten

- Ist klar ersichtlich, welche Prozesse oder Strukturen verbessert werden sollen?
- Liefert die Umsetzung einen wesentlichen Beitrag zur Erreichung der Jahresziele?
- Wurde darauf geachtet, dass es sich nicht um Maßnahmen handelt?
- Klarer Fokus erkennbar?
- Sind sie qualitativ formuliert?
- Sind max. 7 Verbesserungsprioritäten festgelegt?

Mit Blick auf unsere Checkliste gilt es auch hier einiges zu überprüfen. Wichtig ist zunächst zu prüfen, ob klar ersichtlich ist, welche Prozesse oder Strukturen verbessert werden sollen. Ebenso müssen Sie im Team hinterfragen, ob die Verbesserungsprioritäten insgesamt einen wesentlichen Beitrag zu Erreichung der Jahresziele liefern. Also, ob die tatsächlichen Treiber definiert sind.

Nehmen wir ein anschauliches Beispiel: Wenn die Erhöhung des Gewinns das Ziel ist, dann sollten Sie herausarbeiten, wo hier die größten Hebel sind. Sind es eher die direkten Kosten in der Produktion oder eher die indirekten Kosten im Bereich Verwaltung.

In vielen Fällen arbeite ich mit meinen Kunden Werttreiberbäume aus, um hierfür die Grundlage und Transparenz zu schaffen. Wir werden dies in Kapitel 5.2 noch genauer behandeln .

Des Weiteren sollten Sie darauf achten, dass es sich nicht um wöchentliche oder monatliche Aktionen oder To-do's handelt. Das bedeutet, dass die Umsetzungsdauer mindestens ein Jahr betragen muss. Von den Verbesserungsprioritäten werden später konkrete Maßnahmenpläne abgeleitet.

Also: Auf der einen Seite sollen die Verbesserungsprioritäten nicht zu umfangreich sein, da sie ja auf ein Jahr ausgerichtet sein sollen. Auf der anderen Seite sollen es wiederum keine kurzfristigen To-Do's sein. Was tun?

MEIN TIPP

Schauen Sie, dass Sie einen klaren Fokus für das kommende Jahr ausarbeiten.

Bleiben wir bei unserem Kostenbeispiel. Wenn wir feststellt haben, dass wir die direkten Kosten reduzieren müssen und unser identifizierter Hebel die Erhöhung der Effizienz ist, dann ist das wiederum ein sehr großer »Elefant«.

Wenn wir an diesem gewaltigen Elefanten im Ganzen arbeiten, laufen wir Gefahr, dass am Ende an allen möglichen Stellen gearbeitet wird, aber nicht am eigentlichen Hebel. Stattdessen müssten wir zunächst herausarbeiten, was in Bezug auf die Erhöhung der Effizienz der Schwerpunkt für das kommende Jahr ist: »Ist er eher in Bezug auf die Herstellung von bestimmten Produktgruppen zu definieren?« oder »Liegt er bei bestimmten Fertigungsbereichen oder an bestimmten Standorten?« usw.

Verbesserungsprioritäten sind nicht messbar formuliert, sondern rein qualitativ. Hier kommt es zunächst darauf an, inhaltlich das Richtige zu definieren.

Und zum Schluss gebe ich Ihnen eine weitere Faustformel an die Hand: Definieren Sie nicht mehr als sieben Verbesserungsprioritäten. Meine Erfahrung hat gezeigt, dass durch zu viele Prioritäten der Fokus komplett aus dem Blick geraten kann. Deswegen ist meine Empfehlung, sich konsequent auf maximal sieben Punkte zu beschränken, auch wenn es nicht immer leichtfallen wird.

4.1.4 Der Drei-Uhr-Quadrant

Schauen wir nun wieder auf unsere X-Matrix und den rechten Quadranten – die Drei-Uhr-Position. Hier gilt es Erfolgsindikatoren zu definieren, die uns die Antwort auf das *Wieviel* geben.

Um unterjährig zu erkennen, welche Wirkung die Umsetzung der Verbesserungsprioritäten haben, müssen entsprechende Kennzahlen wie z. B. Durchlaufzeiten, Reaktionszeiten, Fehlerraten und so weiter definiert, beplant und regelmäßig gemessen werden.

Dadurch sagen die Kennzahlen aus, bis wann eine bestimmte Performance durch die Umsetzung der Verbesserungsprioritäten erreicht werden soll, und liefern somit ein Bild über die erreichte Qualität, die Kosten oder die Dauer.

Die Herausforderung liegt zunächst darin, Kennzahlen zu bestimmen, die beeinflusst werden können und über die die Verbesserungsprioritäten aktiv gesteuert werden können.

Nehmen wir auch hier wieder eine Checkliste zu Hilfe.

Checkliste für Erfolgsindikatoren

- Messung der Verbesserungsprioritäten
- Ausgangswert und Zielwert

- Monatlich messbar
- Eindeutige Definition
- Quantitativ
- Max. 2 Erfolgsindikatoren je VP

Zunächst gilt es also zu hinterfragen, ob die Erfolgsindikatoren die tatsächliche Performance der Verbesserungspriorität messen. Wenn wir die entsprechenden Erfolgsfaktoren – z. B. Senkung der Fehlerquote – definiert haben, wird im nächsten Schritt definiert, welche jährlichen Zielvorgaben in Abhängigkeit von der Ausgangslage sinnvoll sind. Deswegen muss klar definiert sein, was der Ausgangswert – also auch hier der Jumping-off-Point – und der Zielwert für das kommende Jahr sind, beispielsweise »Senkung der Fehlerquote von 40 auf 20 %«.

Die Erfolgsindikatoren geben uns unterjährig Auskunft, wo wir bei der Zielerreichung stehen. Das heißt, dass wir uns den Fortschritt auch regelmäßig anschauen. Deswegen müssen die Erfolgsindikatoren mindestens einmal pro Monat messbar sein.

MEIN TIPP

Ganz wichtig, um nicht Äpfel mit Birnen zu vergleichen: Stellen Sie sicher, dass eine eindeutige Definition der Kennzahl vorliegt. Lassen Sie sich die genaue Formel zeigen – also was steht im Zähler und was im Nenner. Stellen Sie auch sicher, dass metrische Kennzahlen definiert werden. Metrische Kennzahlen messen am besten eine bestimmte Performance, da sie sich zählen, messen und wiegen lassen. Beispielhafte Einheiten sind monetäre Werte in Euro, Zeiten in Stunden, Tagen, Wochen, Stückzahlen, Prozentwerte usw.

Verzichten Sie auf Indikatoren, die die Umsetzung von Meilensteinen messen oder reine To-do's sind. Denn man misst mit Meilensteinen lediglich, ob z. B. ein Projekt in der geplanten Zeit, Qualität oder im Budget umgesetzt wurde, aber noch nicht die eigentliche Leistungssteigerung.

Als weitere Richtlinie können Sie die Vorgabe nehmen, dass pro Verbesserungspriorität idealerweise ein Erfolgsindikator, aber maximal zwei definiert werden sollten.

4.1.5 Verantwortlichkeiten

Im nächsten Schritt werden dann für die jeweiligen Verbesserungsprioritäten Schlüsselpersonen festgelegt und die Frage nach dem *Wer* beantwortet. Dabei unterscheiden wir in die sogenannte Hauptverantwortlichkeit und die unterstützende Verantwortlichkeit. Diese sehen wir in der Legende der X-Matrix.

Durch diese Festlegung erfolgt nicht nur eine klare Zuordnung, wer für was zuständig ist, sondern es wird insbesondere der Abstimmungsprozess bereichsübergreifend bzw. cross-funktional auf horizontaler Ebene gestartet. Werfen wir einen Blick auf die Checkliste zur Festlegung der Verantwortlichkeiten.

Checkliste für Verantwortlichkeiten

- Beeinflussbarkeit
- Max. 2 pro Führungskraft
- Ressourcen vorhanden
- Richtige Unterstützer
- Gleiche Hierarchieebene
- Ausgewogene Verteilung

Hinterfragen Sie, ob die definierten Verantwortlichen die Umsetzung unterjährig auch aktiv vorantreiben können. Also: Können die Verantwortlichen die Verbesserungsprioritäten beeinflussen? Achten Sie dabei darauf, dass niemand für die Umsetzung von zu vielen Verbesserungsprioritäten verantwortlich ist. Ein guter Richtwert ist maximal zwei Verantwortungen pro Führungskraft.

Checken Sie auch, ob die Verantwortlichen tatsächlich auch die die entsprechenden Ressourcen im Sinne von Zeit und Manpower haben. Vergewissern Sie sich, dass die richtigen Unterstützer benannt sind. Stellen Sie des Weiteren sicher, dass die Verantwortlichen und Unterstützer alle auf der gleichen Hierarchieebene sind.

Abschließend machen Sie den Check, ob die Zuordnung insgesamt ein rundes Bild ergibt, also, ob die Verantwortungen ausgewogen im Führungsteam verteilt sind.

Um die Zusammenhänge zwischen den vier Quadranten und den Zuständigkeiten aufzuzeigen, werden diese mit Punkten in der X-Matrix in Beziehung gebracht.

Im nächsten Abschnitt zeige ich an einem Beispiel, wie dies in der Praxis aussieht.

4.1.6 Beispiel für eine X-Matrix

Anhand eines Beispiels werde ich Ihnen nun die X-Matrix ausführlicher vorstellen. Es handelt sich um ein Maschinenbauunternehmen in der Lebensmittelindustrie (s. Abb. 4.7).

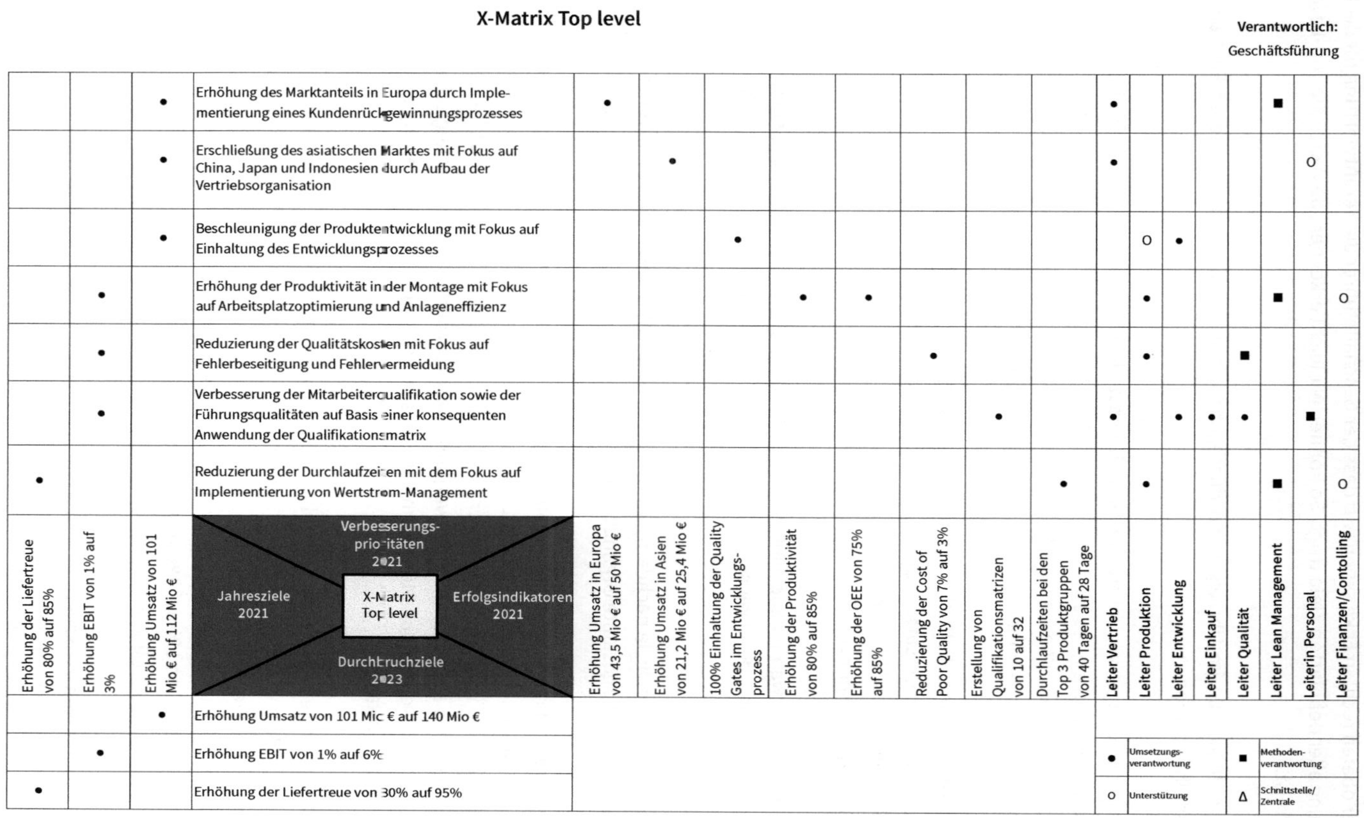

Abb. 4.7: Eine beispielhaft ausgefüllte X-Matrix

In der oberen rechten Ecke sehen wir, dass der Geschäftsführer die Verantwortung für die Umsetzung aller definierten Ziele trägt. So können wir leicht erkennen, dass dies die Top-Level-X-Matrix ist.

Ich werde sie nun im Uhrzeigersinn durchgehen, beginnend mit dem unteren Feld auf der Sechs-Uhr-Position.

Auf sechs Uhr tragen wir unsere drei Durchbruchsziele ein, die von der Strategie abgeleitet sind. In diesem Beispiel gibt es zwei finanzielle Ziele – Umsatz und EBIT – und ein Prozessziel, nämlich die Liefertreue. Wie wir bereits besprochen haben, haben unsere Durchbruchsziele einen klaren Jumping-off-Point und einen Zielwert für die nächsten drei Jahre.

Unser Unternehmen hat sich folgende Durchbruchsziele gesetzt:

- Erhöhung des Umsatzes von 101 Mio. € auf 140 Mio. €
- Steigerung des EBIT von 1 % auf 6 %
- Die Erhöhung der Liefertreue von 80 % auf 95 %

Wie ich bereits erwähnt habe, hilft uns die Balanced Scorecard dabei, eine ausgewogene Sichtweise herzustellen, denn wir sehen hier einen Mix zwischen finanziellen und nicht-finanziellen Zielen.

Beachten Sie jedoch: Je nachdem, *was* Sie hier an Durchbruchszielen definieren, hat dies Auswirkungen auf die gesamte Organisation.

Einige Unternehmen legen hier allgemeingültige Finanzziele wie z. B. EBIT oder ROCE fest, weil sie dadurch erreichen, dass jeder Mitarbeiter in der gesamten Organisation etwas dazu beitragen kann – also vom Geschäftsführer bis hin zum Mitarbeiter am Shopfloor. Wenn sich Unternehmen jedoch auf bestimmte Schwerpunkte konzentrieren, weil sie strategisch erforderlich sind, beispielsweise Innovation, dann kann es sein, dass nicht jeder in der Organisation einen Beitrag leisten kann.

Auf der linken Seite, auf neun Uhr, füllen wir die Spalten mit unseren Jahreszielen aus. Die Jahresziele werden von den Durchbruchszielen abgeleitet und unterscheiden sich, wie bereits erwähnt, nur im Zielwert (s. Kap. 3.3):

- Der Umsatz soll im ersten Jahr von 101 Mio. € auf 112 Mio. € erhöht werden,
- der EBIT soll von 1 % auf 3 % gesteigert werden und
- die Liefertreue soll von 80 % auf 85 % erhöht werden.

Die Verbindungen zwischen Jahreszielen und Durchbruchszielen sind mit einem schwarzen Punkt gekennzeichnet. So sehen wir, welches Jahresziel auf welches Durchbruchsziel wirkt.

Oben, auf zwölf Uhr, tragen wir nun die Verbesserungsprioritäten ein. In unserem Beispiel sehen wir, dass drei Verbesserungsprioritäten auf den Umsatz abzielen:

- Das sind die Erhöhung des Marktanteils in Europa durch Implementierung eines Kundenrückgewinnungsprozesses,
- die Erschließung des asiatischen Marktes mit Fokus auf China, Japan und Indonesien durch Aufbau der Vertriebsorganisation sowie
- die Beschleunigung der Produktentwicklung mit Fokus auf Einhaltung des Entwicklungsprozesses.

Die nächsten drei Verbesserungsprioritäten sind mit dem EBIT verbunden:

- Erhöhung der Produktivität in der Montage mit Fokus auf Arbeitsplatzoptimierung und Anlageneffizienz,
- Reduzierung der Qualitätskosten mit Fokus auf Fehlerbeseitigung und Fehlervermeidung und
- Verbesserung der Mitarbeiterqualifikation sowie der Führungsqualitäten auf Basis der konsequenten Anwendung der Qualifikationsmatrix.

Und schließlich zahlt eine Verbesserungspriorität direkt auf Liefertreue ein und lautet:

- Reduzierung der Durchlaufzeiten mit dem Fokus auf Implementierung von Wertstrom-Management.

Noch einmal zur Erinnerung: Die Jahresziele beantworten die Frage: »*Was* wollen wir erreichen?«, während die Verbesserungsprioritäten die Frage beantworten: »*Wie* wollen wir das erreichen?«.

Wie wir hier sehen, konnte die Faustformel »sieben Verbesserungsprioritäten« eingehalten werden.

MEIN TIPP

Wenn für Ihr Unternehmen oder Ihre Ausgangssituation die Ausrichtung der Verbesserungsprioritäten auf ein Jahr zu langfristig ist, können Sie diese auch für das nächste Quartal oder das nächste halbe Jahr definieren. Dieser noch kurzzyklischere Kerngedanke ist der Ansatz der OKR-Methode, den Sie hier eins zu eins in die X-Matrix einbinden können.

Beachten Sie also beim Erarbeiten der Verbesserungsprioritäten:

- Es sind keine Aktionen oder To-do’s.
- Es sind die Treiber für die Erreichung der Jahresziele.
- Und es sind *die* Treiber – und das ist ganz wichtig –, die vom *Managementteam* bestimmt werden und *nicht* von der Geschäftsführung.

Auf der rechten Seite – also auf drei Uhr – definieren wir die Erfolgsindikatoren. Wie vorhin erwähnt, messen die Erfolgsindikatoren den Fortschritt der Verbesserungsprioritäten. Wir sehen auch, dass sie klare Start- und Zielwerte enthalten. Damit sind sie der Schlüssel zur Ermittlung von Abweichungen im Laufe des Jahres. Die Beziehungen zu den Verbesserungsprioritäten sind durch schwarze Punkte verbunden.

Für die Verbesserungspriorität »Erhöhung des Marktanteils in Europa durch Implementierung eines Kundenrückgewinnungsprozesses« wurde als zugehöriger Erfolgsindikator »die Erhöhung des Umsatzes in Europa von 43,5 Mio. € auf 50 Mio. €« definiert.

Ähnliches gilt für »die Erschließung des asiatischen Marktes mit Fokus auf China, Japan und Indonesien durch Aufbau der Vertriebsorganisation«. Der zugehörige Erfolgsindikator lautet: »Erhöhung Umsatz in Asien von 21,2 Mio. € auf 25,4 Mio. €«.

Da beide Prioritäten direkt auf den Umsatz einzahlen, haben wir es hier mit umsatzbezogenen Erfolgsindikatoren zu tun.

Beachten Sie bitte, dass die Erfolgsindikatoren danach ausgewählt werden, was für das Management bzw. die Geschäftsführung relevant ist.

Im Falle der umsatzbezogenen Erfolgsindikatoren kann es auch sinnvoll sein, Kennzahlen der Sales- oder Vertriebspipeline zu bestimmen, die dem Umsatz vorgelagert sind, z. B.:

- die Anzahl und das Volumen der Angebote,
- die Erfolgsquote dieser Angebote,
- die Anzahl der qualifizierten Leads,
- die Anzahl der Erstgespräche oder weitere Schritte im Vertriebsprozess, die zum Auftrag führen.

Die dritte umsatzrelevante Verbesserungspriorität ist »die Beschleunigung der Produktentwicklung mit Fokus auf Einhaltung des Entwicklungsprozesses«. Diese wird dadurch gemessen, dass die Quality Gates zu 100 % eingehalten werden sollen.

Diejenigen Verbesserungsprioritäten, die nun direkt auf den EBIT einzahlen, müssen effizienzrelevant gemessen sein.

Die Erhöhung der Produktivität in der Montage mit Fokus auf Arbeitsplatzoptimierung und Anlageneffizienz wird in diesem Fall sogar durch zwei Erfolgsindikatoren, einmal die Erhöhung der Produktivität von 80 % auf 85 % und einmal durch die Erhöhung der OEE – ein Maß für die Maschineneffizienz – von 75 % auf 85 % gemessen.

Denken Sie auch an die Faustformel, maximal zwei Erfolgsindikatoren pro Verbesserungspriorität zu definieren.

Die »Reduzierung der Qualitätskosten mit Fokus auf Fehlerbeseitigung und Fehlervermeidung« wird durch eine »Reduzierung der Cost of Poor Quality von 7 % auf 3 %« gemessen. In diesem Fall sind das Ausschuss- und Nacharbeitskosten.

Die »Verbesserung der Mitarbeiterqualifikation sowie der Führungsqualitäten auf Basis einer konsequenten Anwendung der Qualifikationsmatrix« wird dadurch gemessen, dass die »Anzahl der erstellten Qualifikationsmatrizen von 10 auf 32 erhöht« werden soll.

Schließlich wurde für die Priorität, die auf die Liefertreue einzahlt, nämlich die »Reduzierung der Durchlaufzeiten mit dem Fokus auf Implementierung von Wertstrom-Management«, definiert, die »Durchlaufzeiten bei den Top-3-Produktgruppen von 40 Tagen auf 28 Tage zu reduzieren«.

Schauen wir nun auf die rechte Seite der X-Matrix. Hier wird in den Spalten zunächst namentlich die Ebene unterhalb des Geschäftsführers aufgeführt. Diese Ebene hat die Verbesserungsprioritäten definiert und sie ist auch für die spätere Umsetzung verantwortlich.

In unserem Beispiel sind das die Bereichsleiter. Wir sehen, dass diese Namen oberhalb mit verschiedenen Symbolen gekennzeichnet sind:

- Ein schwarzer Punkt bedeutet, dass die Person die Umsetzungsverantwortung für die entsprechenden Verbesserungsprioritäten und Erfolgsindikatoren hat.
- Ein Quadrat bedeutet, dass die Person methodische Umsetzungsverantwortung hat. Dabei handelt es sich um Personen, die in bestimmten Methoden ausgebildet sind oder spezielle Weiterbildungen erhalten haben. Hierunter fallen z. B. Bereiche wie Prozessmanagement, Lean Management oder Führungskräfteentwicklung.
- Ein Kringel bedeutet, dass die Person bei der Umsetzung unterstützt.
- Ein Dreieck zeigt an, dass die Person nicht zu diesem Team gehört. Es handelt sich um Schnittstellen, was Abteilungen oder Personen sein können, die z. B. direkt der Zentrale zugeordnet sind.

In unserem Fall haben wir auf der obersten Ebene des Unternehmens begonnen, sodass wir dieses Symbol nicht benötigen. Wenn wir nun den Symbolen über jedem Namen nach oben folgen, sehen wir, welche Art der Verantwortung jede Person hat. Haben sie die Umsetzungsverantwortung, methodische Verantwortung oder haben sie eine unterstützende Funktion?

Nehmen wir als Beispiel den Leiter Produktion. Wir sehen, dass er insgesamt für drei Verbesserungsprioritäten verantwortlich ist und bei einer Verbesserungspriorität eine unterstützende Funktion hat. Wie Sie sehen, entspricht die Anzahl nicht der Empfehlung, maximal zwei Verbesserungsprioritäten pro Person zu definieren.

In diesem Fall war darüber diskutiert worden und man hat sich bewusst auf drei Verbesserungsprioritäten geeinigt. Grund hierfür war, dass die Verbesserungsprioritäten auf den nächsten

Ebenen mit unterschiedlichen Schwerpunkten in den Produktionsabteilungen behandelt werden mussten, denn die beiden Verbesserungsprioritäten »Reduzierung der Durchlaufzeiten« und »Erhöhung der Qualität« betrafen vornehmlich unterschiedliche Produktionsbereiche. Dadurch teilten sich die Verantwortlichkeiten auf den nächsten Ebenen auf.

Insofern müssen Sie bei der Festlegung von Verbesserungsprioritäten auch immer ein bis zwei Schritte vorausdenken und überlegen: Welche Auswirkungen haben Verbesserungsprioritäten auf die nachfolgenden Bereiche bzw. Abteilungen?

- Bei der Verbesserungspriorität »Reduzierung der Durchlaufzeit mit dem Fokus auf Implementierung von Wertstrom-Management« hat der Leiter Lean Management Methodenverantwortung und der Produktionsleiter bekommt Unterstützung vom Leiter Finanzen.
- Bei der »Reduzierung der Qualitätskosten mit Fokus auf Fehlerbeseitigung und Fehlervermeidung« bekommt er methodische Unterstützung vom Leiter Qualität.
- Bei der »Erhöhung der Produktivität in der Montage mit Fokus auf Arbeitsplatzoptimierung und Anlageneffizienz« hat der Leiter Lean Management wiederum Methodenverantwortung und erhält Unterstützung vom Leiter Finanzen.
- Hingegen hat bei der »Beschleunigung der Produktentwicklung mit Fokus auf Einhaltung des Entwicklungsprozesses« der Produktionsleiter eine unterstützende Rolle, während der Leiter Entwicklung Umsetzungsverantwortung hat.

Die Matrix gibt einen Überblick über alle abgestimmten Ziele zwischen der ersten und zweiten Ebene und zeigt insbesondere auf, wer die Verantwortung trägt und wer die verantwortliche Person unterstützt. Durch die Zuweisung dieser Verantwortlichkeiten schaffen wir eine horizontale Ausrichtung und verhindern so »Silodenken«.

Die X-Matrix wird auch für die Zielabstimmung auf den nächsten Hierarchieebenen verwendet. Darauf gehe ich in Kapitel 5.3 näher ein.

MEIN TIPP

Die X-Matrix muss *nicht* unbedingt – wie in unserem Beispiel – entlang von Hierarchieebenen aufgebaut sein. In einer eher prozessorientierten Organisation setzen wir die X-Matrix beispielsweise entlang des Wertstroms auf. Somit sind dann im Feld »Verantwortlichkeiten« die Personen aus der entsprechenden Prozesskette aufgeführt.

In einer agileren Organisation, in der wir beispielsweise in virtuellen Teams arbeiten, stehen im Feld »Verantwortlichkeiten« die jeweiligen Beteiligten, *unabhängig* von Hierarchieebenen.

Im nächsten Kapitel werden wir noch einmal intensiver die »horizontale Abstimmung« behandeln, da diese bei Hoshin Kanri ein essenzieller Teil zur Vermeidung von Silodenken und Zielkonflikten ist.

4.1.7 Horizontale Zielabstimmung

Im letzten Kapitel haben wir die Zielabstimmung auf der Topmanagement-Ebene kennenglernt und dabei ausführlich die Anwendung der X-Matrix besprochen.

Ein großer Vorteil von Hoshin Kanri ist die horizontale Abstimmung zwischen Bereichen, Abteilungen, Divisionen oder Teams. Und das sowohl in Linien- als auch in Matrixorganisationen.

Wie wir gesehen haben, werden den Beteiligten innerhalb der X-Matrix die Symbole für ihre Verantwortlichkeiten zugewiesen. Bei der Erarbeitung selbst zeigt sich jedoch immer wieder, dass diese Symbole häufig inflationär vergeben werden.

In der unterjährigen Umsetzung besteht dann häufig das Problem darin, dass man von den ursprünglich festgelegten Verantwortlichkeiten auf einmal nichts mehr hört und sieht. Deswegen empfehle ich Ihnen gleich zu Beginn klar zu definieren, wer wann welche Aufgaben zu erledigen hat.

Man kann sich das symbolisch wie einen Handschlag zwischen den Kollegen vorstellen (s. Abb. 4.8). Durch den Handschlag wird eindeutig festgelegt, welche Aufgaben im Rahmen einer Verbesserungspriorität von wem – z. B. von der verantwortlichen Person, dem Unterstützer, dem Verantwortlichen für die Methode oder einer Schnittstelle – und bis wann durchgeführt werden müssen.

Abb. 4.8: Horizontale Zielabstimmung der Verantwortlichkeiten

Nehmen wir also unsere Verbesserungspriorität »Reduzierung der Durchlaufzeiten durch Implementierung von Wertstrom-Management«. Der Produktionsleiter hatte in der X-Matrix einen schwarzen Punkt und der Leiter Lean Management ein Quadrat. Dies bedeutet, dass der Leiter Produktion für die Umsetzung verantwortlich ist. Er muss jedoch die Umsetzung basierend auf der methodischen Unterstützung umsetzen und muss diese Unterstützung auch einfordern.

Umgekehrt hat der Leiter Lean Management Methodenhoheit, er stellt der Produktion Methoden und Werkzeuge zu Verfügung, unterstützt den Produktionsleiter bei der Umsetzung und stellt sicher, dass die Anforderungen aus der Produktion in die unterstützenden Tätigkeiten auch einfließen.

In unserem konkreten Fall wird der Leiter Lean Management die Abteilungsleiter und andere relevante Personen in der Produktion im Wertstrom-Management schulen, er unterstützt die Analyse des Ist-Wertstroms, hilft bei der Erarbeitung des neuen Soll-Wertstroms und legt mit dem Team erste Umsetzungsmaßnahmen fest.

Umgekehrt wird der Produktionsleiter die erforderlichen Ressourcen für das Training und die Wertstromanalyse bereitstellen, notwendige Zahlen, Daten und Fakten zu den jeweiligen Produktgruppen aufbereiten und er wird die Rahmenbedingungen für eine reibungslose Prozessanalyse vor Ort sicherstellen.

Beide werden auch einen Umsetzungsplan festlegen und die Anzahl und Art der benötigten Ressourcen bestimmen.

Gehen wir nun davon aus, dass alle Parteien die Verantwortlichkeiten per Handschlag geklärt haben und nun ganzheitlich abgestimmt sind. Dies führt dazu, dass alle Engpässe identifiziert sind, und dass alle beteiligten Parteien sich darauf geeinigt haben, *wer wen wann* in der Umsetzungsphase benötigt.

Bitte beachten Sie jedoch, dass Sie hier kein bürokratisches Verfahren aufbauen. Natürlich können Sie so weit gehen, das Ganze mit der Ressourcenplanung zu verknüpfen. Was wir jedoch wollen ist, dass der Prozess schlank und agil bleibt. Deshalb müssen wir im ersten Schritt Transparenz über mögliche Engpässe auf dieser Ebene schaffen und Zielkonflikte beseitigen, bevor die nächsten Ebenen miteinbezogen werden.

Die X-Matrix haben wir nun im Detail behandelt. Im nächsten Kapitel stelle ich Ihnen ein weiteres Werkzeug vor, das eng mit der X-Matrix verbunden ist und welches essenziell für die unterjährige Zielumsetzung ist: das Bowling Chart.

4.2 Bowling Chart

In engem Zusammenhang mit der X-Matrix steht das Bowling Chart, das aus der Logik der Messung der aktuellen Punktzahl bzw. der Scores im Bowling abgeleitet ist. Wie beim namengebenden Sport Bowling werden nach jedem Durchgang die Ergebnisse dargestellt und anschließend zum Gesamtergebnis addiert.

Schauen wir uns einen Auszug des Bowling Charts aus unserem X-Matrix-Beispiel an (s. Abb. 4.9). Links sehen wir ausgewählte Erfolgsindikatoren, wie z. B. Umsatz, Produktivität und Durchlaufzeit.

	über 5% unter Plan		bis 5% unter Plan		in Plan

Erfolgsindikatoren						JOP		Jan. 21	Feb. 21	Mrz. 21	Apr. 21	Mai. 21	Jun. 21	Jul. 21	Aug. 21	Sep. 21	Okt. 21	Nov. 21	Dez. 21	Ziel 2021
Erhöhung Umsatz in Europa von 43,5 Mio € auf 50 Mio € [€]	Quartal	20%	20%	30%	30%	43,5 €	Plan	43,9 €	44,4 €	44,8 €	45,2 €	45,7 €	46,1 €	46,8 €	47,4 €	48,1 €	48,7 €	49,4 €	50,0 €	**50,0 €**
							Ist	41,0 €	41,5 €	42,0 €	42,0 €									
Erhöhung Umsatz in Asien von 21,2 Mio € auf 25,4 Mio € [€]	Quartal	5%	15%	40%	40%	21,2 €	Plan	21,3 €	21,3 €	21,4 €	21,6 €	21,8 €	22,0 €	22,6 €	23,2 €	23,7 €	24,3 €	24,8 €	25,4 €	**25,4 €**
							Ist	21,3 €	22,0 €	22,1 €	22,2 €									
Erhöhung der Produktivität von 80% auf 85% [%]	linear					80,0%	Plan	80,4%	80,8%	81,3%	81,7%	82,1%	82,5%	82,9%	83,3%	83,8%	84,2%	84,6%	85,0%	**85,0%**
							Ist	80,3%	80,8%	79,0%	75,0%									
Reduzierung der Durchlaufzeit von 40 Tagen auf 28 Tage [Anzahl]	Quartal	10%	20%	30%	40%	40	Plan	40	39	39	38	37	36	35	34	33	31	30	28	28
							Ist	40	40	40	40									

Abb. 4.9: Bowling Chart

Was wir bei den Erfolgsindikatoren bereits definiert hatten, war der Jumping-off-Point (JOP) und der jährliche Zielwert. Jetzt müssen wir die Zielwerte für jeden Monat planen. Symbolisch gesprochen, den Elefanten in kleine Stücke schneiden. Dabei müssen wir uns überlegen, ob die Planung linear, degressiv oder progressiv bis zum Ende des Jahres erfolgen soll.

In unserem Beispiel beträgt der JOP für den ersten Erfolgsindikator 43,5 Millionen Euro. Auf dieser Basis wurde der jährliche Zielwert mit 50 Millionen Euro beplant. Dabei wurde angenommen, dass in den ersten beiden Quartalen ein Anstieg um jeweils 20 % erwartet wird und in den letzten beiden Quartalen um jeweils 30 %.

Jetzt kann der aktuelle Status monatlich visualisiert werden und man kann sehen, ob die Erfolgsindikatoren im Plan liegen oder ob es Abweichungen gibt. Rote Ampeln sind Kandidaten für den Start eines Problemlösungsprozesses, um die Ursachen für Abweichungen zu finden. Hierauf gehen wir später im Detail ein.

Im nächsten Kapitel möchte ich Ihnen gerne das zweite Werkzeug im Zusammenhang mit der X-Matrix vorstellen: agile Meilensteinpläne.

4.3 Agile Meilensteinpläne

Der letzte Schritt in der Jahresplanung auf oberster Ebene betrifft nun die Planung aller notwendigen Maßnahmen, um die Verbesserungsprioritäten aus der X-Matrix umzusetzen.

Wir hatten gesagt, dass die Verbesserungsprioritäten auf das kommende Jahr ausgerichtet sind und noch keine konkreten Maßnahmen bzw. To-do's enthalten. Das müssen wir jetzt definieren.

Es geht jedoch nicht darum, die Projektpläne bis Ende des Jahres im Detail auszuarbeiten, sondern darüber nachzudenken, was die wichtigsten Meilensteine mit den dazugehörigen Maßnahmen sind, die während des Jahres agil bzw. kurzzyklisch umgesetzt werden müssen.

Abb. 4.10: Planung der Meilensteine – eine Bergtour

Stellen Sie sich vor, wir planen eine mehrtägige Bergtour. Hierfür müssen wir uns überlegen, welche Etappen wir schaffen können, welche Zwischenziele wir ansteuern wollen und wo sich Hütten befinden, in denen wir übernachten können (s. Abb. 4.10).

Was werden wir tun? Wir werden definitiv nicht die gesamte Tour bis ins kleinste Detail planen, denn es ist sehr wahrscheinlich, dass wir unsere Pläne aufgrund von veränderlichen Wetterbedingungen ändern müssen. Daher müssen wir in der Lage sein, unsere Route flexibel anzupassen und bei Bedarf in einer anderen Hütte zu übernachten. Da wir die gesamte Route nicht im Detail geplant haben, wird dies für uns auch kein Problem darstellen. Wir werden die Route detaillierte nur bis zur nächsten Hütte planen, nicht weiter. Lassen Sie uns nun diese Gedanken auf unsere Meilensteinplanung übertragen.

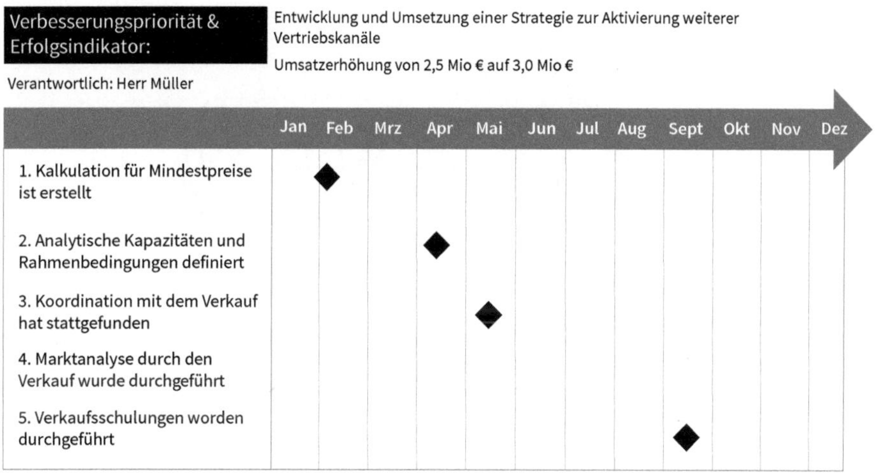

Abb. 4.11: Beispiel für einen Meilensteinplan: die Verbesserungspriorität der Vertriebsabteilung eines »Labors für Trinkwasseranalyse« mit dem dazugehörigen Erfolgsindikator

Die Verbesserungspriorität lautet: »Entwicklung und Umsetzung eines Konzeptes zur Aktivierung externer Vertriebskanäle«, gemessen an einer Umsatzerhöhung von 2,5 Mio. € auf 3,0 Mio. €. Dies stellt unser Jahresziel und bildlich gesprochen unseren Berggipfel dar, den wir erreichen wollen.

Der dazugehörige Meilensteinplan enthält insgesamt fünf Meilensteine, welche die Hütten repräsentieren, die wir anstreben:

- eine Kalkulation für Mindestpreise erstellt,
- analytische Kapazitäten und Rahmenbedingungen definiert,
- eine Koordination mit dem Vertrieb hat stattgefunden,
- eine Marktanalyse durch den Verkauf wurde durchgeführt,
- Verkaufsschulungen wurden durchgeführt.

Wenn sich nun unterjährig bestimmte Rahmenbedingungen ändern, werden wir unsere Meilensteine flexibel anpassen. Und da wir keinen umfassenden detaillierten Projektplan aufgestellt haben, wird dies für uns auch kein Problem darstellen. Wir werden die detaillierten Aktionen nur bis zum ersten Meilenstein planen, aber nicht weiter.

Zusammenfassend können wir festhalten, dass wir insgesamt drei Werkzeuge haben, die eng miteinander verbunden sind: die X-Matrix, das Bowling Chart und die agilen Meilensteinpläne (s. Abb. 4.12).

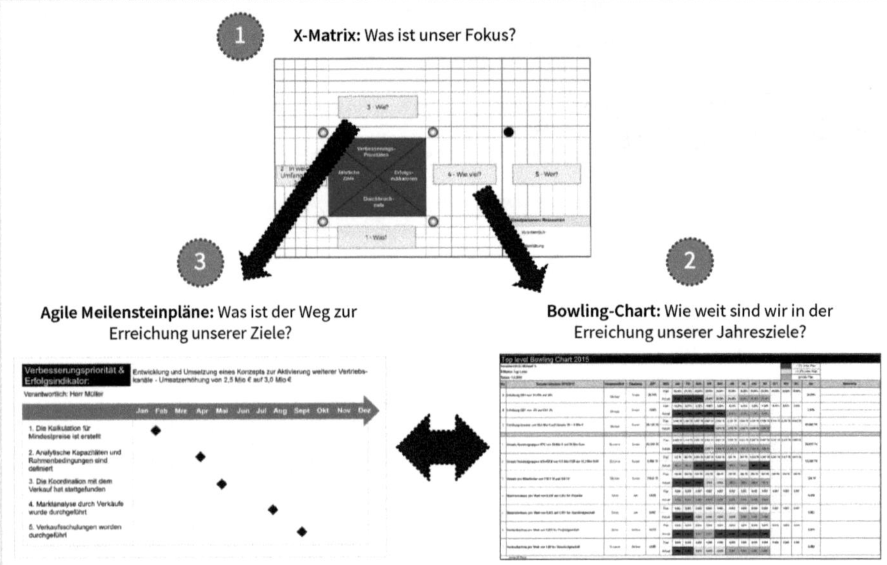

Abb. 4.12: X-Matrix, Bowling Chart, agile Meilensteinpläne

In der X-Matrix werden die Durchbruchsziele und Jahresziele einschließlich der Prioritäten, Erfolgsindikatoren und Verantwortlichkeiten definiert und es wird die Frage beantwortet: Was ist unser Fokus?

Das Bowling Chart gibt uns die Antwort auf die Frage, wie weit wir in der Erreichung unserer Jahresziele sind. Die agilen Meilensteinpläne zeigen auf, was unser Weg zur Erreichung der Verbesserungsprioritäten ist. Gleichzeitig sind sie ein wesentlicher Hebel für das Bowling Chart, denn ohne entsprechende Aktionen werden sich die Erfolgsindikatoren nicht wie geplant verbessern.

Zusammenfassung und Ausblick

In diesem Kapitel haben wir die Jahresplanung auf den obersten beiden Ebenen des Unternehmens behandelt und die wesentlichen Werkzeuge kennengelernt. Hierunter fallen insbesondere die X-Matrix, das Bowling Chart und agile Meilensteinpläne. Dabei haben wir uns im Detail notwendige Checklisten zur Sicherstellung einer hohen Qualität bei der Erarbeitung angeschaut. Mittels verschiedener Beispiele haben wir anschließend den Zugang zur Praxis geschaffen.
Im nächsten Kapitel schauen wir uns an, wie im Hoshin-Kanri-Prozess die unternehmensweite Zielabstimmung funktioniert.

5 Unternehmensweite Zielabstimmung

Nachdem die Ziele auf den obersten beiden Ebenen ausgearbeitet wurden, wird nun der Zielplanungsprozess auf den nächsten Ebenen bis hinunter zur untersten Ebene fortgesetzt. Wir befinden uns in **Schritt fünf im Hoshin-Kanri-Prozess** (vgl. Abb. 2.3): unternehmensweite Zielabstimmung.

Das bedeutet, dass die Ziele sowohl vertikal, also zwischen den Hierarchieebenen, aber auch insbesondere horizontal, also bereichsübergreifend abgestimmt werden. Dies stellt für viele Unternehmen eine sehr große Herausforderung dar.

Die zugrunde liegende Methodik zur Sicherstellung einer unternehmensweiten und effektiven Zielabstimmung wird bei Hoshin Kanri als »Catchball-Prozess« bezeichnet. Diesen schauen wir uns im folgenden Abschnitt im Detail an. Dabei werden wir beleuchten, was die Nachteile von traditionellen Zielableitungsprozessen sind und wie im Gegensatz dazu ganz konkret die Ziele mit der Hoshin-Kanri-Methode abgestimmt werden.

Anhand verschiedener Beispiele werden wir insbesondere die Vorteile der Zielabstimmung bei Hoshin Kanri kennenlernen. Außerdem werden wir diskutieren, wie der Zielableitungsprozess in einem komplexeren Unternehmensumfeld funktioniert. Das ist wichtig, um ein Gefühl dafür zu bekommen, wie sich die Zielableitung bis auf die unterste Ebene eines Unternehmens gestalten kann.

Auch bei der unternehmensweiten Zielabstimmung werden wir wieder mit der X-Matrix arbeiten. Denn die X-Matrix wenden wir nicht nur auf der obersten Unternehmensebene an, sondern sie kann auch als methodische Unterstützung den Zielableitungsprozess auf weiteren Ebenen in der Organisation begleiten. Damit stellen wir gleichzeitig die horizontale Zielabstimmung sicher.

In diesem Zusammenhang werden wir außerdem die wesentlichen Voraussetzungen beleuchten, die für eine nachhaltige, unternehmensweite Zielabstimmung erforderlich sind. Damit schließen wir mit diesem Kapitel den gesamten Planungsprozess ab.

5.1 Catchball-Prozess

In diesem Abschnitt schauen wir uns an, wie der Zielabstimmungsprozess bei Hoshin Kanri abläuft. Dieser wird als Catchball-Prozess bezeichnet.

Doch lassen Sie uns zunächst einen Blick auf traditionelle Zielplanungsprozesse werfen (s. Abb. 5.1). Hier stellen wir häufig fest, dass Ziele einfach in der Organisation auf die unteren Ebenen des Unternehmens übertragen und immer weniger beeinflussbar werden.

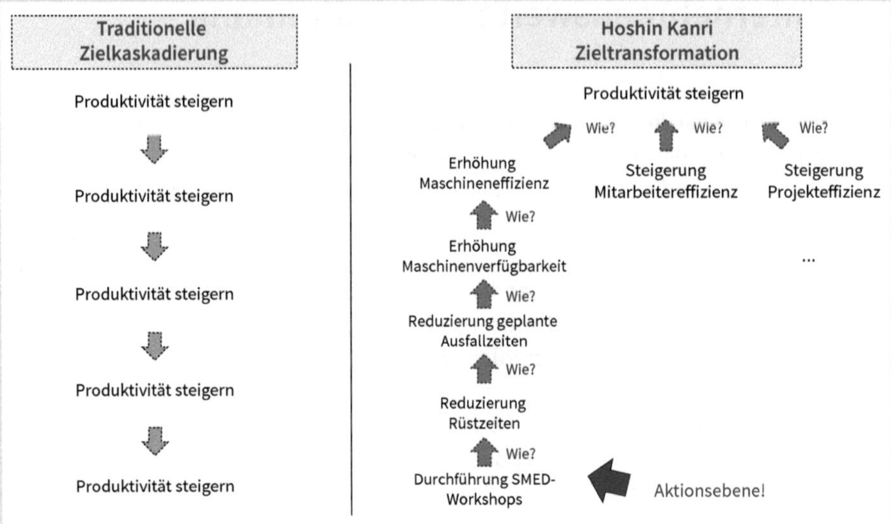

Abb. 5.1: Zielkaskadierung vs. Zieltransformation

Wenn das Ziel beispielsweise darin besteht, die »Produktivität zu steigern«, dann findet man dieses Ziel sowohl auf den obersten als auch auf allen nachfolgenden Ebenen des Unternehmens.

Wenn die Produktivität z. B. anhand des Umsatzes pro Mitarbeiter gemessen wird, kann dies ein aussagekräftiger Indikator auf oberster Ebene sein, aber nicht für Mitarbeitende, die am Shopfloor arbeiten. Und da sie nicht in der Lage sind, die Verbesserung dieses Ziels wirklich zu beeinflussen, ist die Wahrscheinlichkeit sehr gering, dass sie sich damit identifizieren und motiviert sind, auf dieses Ziel hinzuarbeiten.

Betrachten wir nun, wie der Zielabstimmungsprozess bei der Hoshin-Kanri-Methode funktioniert: Hoshin Kanri beginnt den Prozess, indem der nächsten Ebene die Frage gestellt wird: »*Wie* könnt ihr das Ziel erreichen?« Daraus folgt für die Teams, dass sie *aktiv* nach möglichen *Lösungen* zur Erreichung des Ziels suchen müssen und dass sie sich auf Indikatoren einigen müssen, die sie auf ihrer Ebene beeinflussen können. Dadurch wird die jeweils nächste Ebene aktiv an diesem Bottom-up-Prozess beteiligt.

Lassen Sie uns noch einmal das Ziel »Steigerung der Produktivität« nehmen. Wenn man die nächste Ebene fragt: »*Wie* könnt ihr die Produktivität steigern?«, dann werden die Mitarbeitenden beispielsweise in einem mehr automatisierten Bereich sagen: »Wir können die Produktivität durch eine Erhöhung der Maschineneffizienz steigern«. In einem eher montagelastigeren Bereich wird die nächste Ebene beispielsweise sagen: »Indem wir die Mitarbeitereffizienz steigern«. Und diejenigen, die hauptsächlich in Projekten arbeiten, werden z. B. sagen: »Durch eine Steigerung unserer Projekteffizienz«. Wenn wir nun auf der nächsten Ebene fragen: »Wie könnt ihr die Maschineneffizienz steigern?«, kann es sein, dass als Lösung kommt, dass die Maschinenverfügbarkeit verbessert werden muss.

Jetzt gehen wir weiter zur nächsten Ebene und fragen: »Wie könnt ihr die Maschinenverfügbarkeit verbessern?« Die Mitarbeitenden könnten dann z. B. sagen: »Wir müssen die geplanten Ausfallzeiten reduzieren, weil sich dies am stärksten auf die Maschinenverfügbarkeit auswirkt.«

Auf der nächsten Ebene fragen wir: »Wie können die geplanten Ausfallzeiten reduziert werden?« Als Beispiel kann die Antwort kommen: »Indem wir die Rüstzeiten senken«. Wenn wir weiter nach unten gehen, würde nun die Herausforderung darin bestehen: »Wie können die Rüstzeiten reduziert werden?« Die Lösung könnte dann sein, dass Workshops zu SMED, einr speziellen Methode zur Reduzierung der Rüstzeiten, durchgeführt werden müssen. Damit sind wir auf der Aktionsebene angekommen und müssen nun sicherstellen, dass auf operativer Ebene geeignete Maßnahmen ergriffen werden, um die gewünschten Ergebnisse zu erzielen.

Dieser Ansatz macht Hoshin Kanri zu einem Zieltransformationsprozess, da sich die Ziele auf den nächsten Ebenen je nach der jeweiligen Hierarchieebene inhaltlich verändern. Durch die Frage nach dem »Wie« stellen wir sicher, dass wir Ziele definieren, auf die wir Einfluss nehmen können, und laden die Menschen ein, ihre eigenen Lösungen zu finden.

Dies schafft einen Dialog zwischen den Ebenen und bringt Menschen von Anfang an an Bord. Dies wird als Catchball-Prozess bezeichnet. Somit ist der Catchball-Prozess in erster Linie ein Kommunikationsprozess, der stark »bottom-up«-getrieben ist, also von unten nach oben stattfindet, und damit die nächsten Ebenen intensiv in den Zielplanungsprozess einbindet.

Bildlich gesprochen werden die Ziele hin und her gespielt und somit im gegenseitigen Einvernehmen ein Konsens hergestellt. Darüber hinaus spielen wir Catchball horizontal, indem wir sicherstellen, dass alle Ebenen aufeinander abgestimmt sind, bevor wir zur nächsten Ebene hinuntergehen.

Alle folgenden Ebenen definieren ihre eigenen Ziele und stimmen sie aufeinander ab. Das heißt, dass Ziele nicht nach der Gießkannenmethode definiert werden.

Während wir in diesem Abschnitt zur Veranschaulichung des Catchball-Prozesses einen eher eindimensionalen Blick auf die Zieltransformation vorgenommen haben, schauen wir uns im Folgenden an einem Beispiel an, wie sich eine ganzheitliche Zielableitung gestalten kann.

5.2 Verknüpfung mit dem Shopfloor – ein Beispiel

Die bisherigen Beispiele haben den Zieltransformationsprozess lediglich eindimensional dargestellt. Natürlich können Sie jetzt die Frage stellen: »Wie sieht die Zielableitung über mehrere

Ebenen und Abteilungen hinweg aus und multiplizieren sich die Ziele nicht ins Unermessliche, wie beim Schneeballprinzip?«

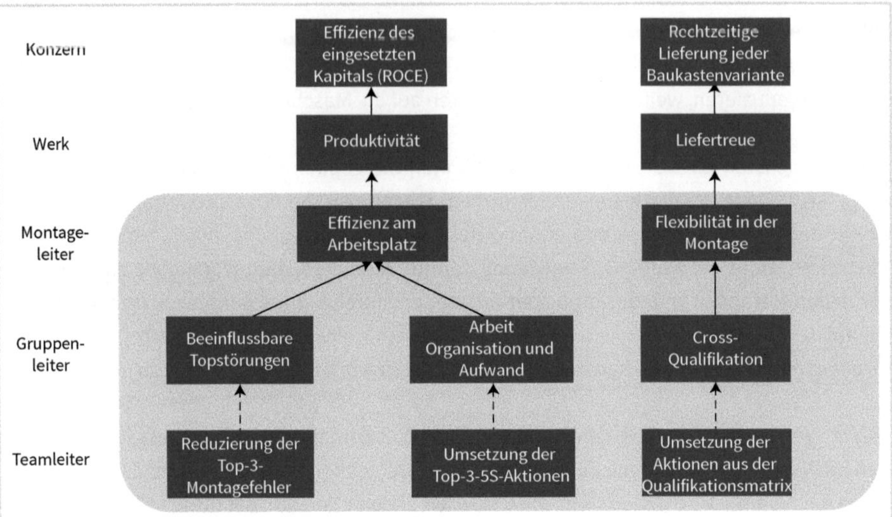

Abb. 5.2: Beispiel für eine ganzheitliche Zieltransformation

Meine Antwort darauf ist ganz klar: Ja, es besteht natürlich diese Gefahr! Daher empfehle ich an dieser Stelle, während des gesamten Prozesses einen klaren Fokus beizubehalten. Abbildung 5.2 zeigt den Zieltransformationsbaum bis auf den Shopfloor am Beispiel eines weltweit tätigen Herstellers für Hydraulikventile. Dabei werfen wir einen genaueren Blick auf die Montageabteilung.

BEISPIEL AUS DER PRAXIS

Von der Führungsspitze wurden zwei Ziele definiert: Effizienzsteigerung des eingesetzten Kapitals – gemessen an der Effizienz des eingesetzten Kapitals (ROCE) – und die pünktliche Lieferung jeder Baukastenvariante. Das Werk, welches wir uns anschauen, definierte zwei entsprechende Ziele zur Erreichung der Gesamtziele: Diese waren Produktivität und Liefertreue.

Im ersten Catchball-Workshop wurde erarbeitet, dass der Montageleiter beide Ziele beeinflussen kann, nämlich die Erhöhung der Produktivität durch die »Steigerung der Effizienz an den Arbeitsplätzen« und die Steigerung Liefertreue durch die »Erhöhung der Flexibilität in der Montage«.

Auf der nächsten Ebene definierten die Segmentleiter zwei Ziele für die Arbeitsplatzeffizienz. Dies waren die »Reduzierung der beeinflussbaren Topstörungen« sowie die »Optimierung der Arbeitsorganisation und des Arbeitsaufwands«. Für das Ziel Flexibilität definierten sie die »Verbesserung der Cross-Qualifikation«, also teamübergreifende Fähigkeiten zu erhöhen.

Die Teamleiter auf der nächstniedrigeren Ebene beschlossen, an der »Reduzierung der am häufigsten auftretenden Montagefehler«, der »Umsetzung der Top-3 – 5S-Aktionen« und der »Umsetzung konkreter Aktionen innerhalb der Qualifikationsmatrix« zu arbeiten.

Je tiefer wir in die Organisation gehen, desto mehr Ziele können natürlich definiert werden. Deswegen hier nochmal meine Empfehlung: Stellen Sie einen durchgängigen Fokus während des gesamten Prozesses sicher. Die Frage, die sich nun stellt, ist: »Wie wird der Zieltransformationsprozess durch die Methode der X-Matrix unterstützt?«. Dies schauen wir uns im nächsten Abschnitt an.

5.3 X-Matrix unternehmensweit

Der eben beschriebene Zieltransformationsprozess wird eins zu eins durch die Methode der X-Matrix unterstützt. Deshalb müssen wir zunächst die generelle Logik betrachten (s. Abb. 5.3).

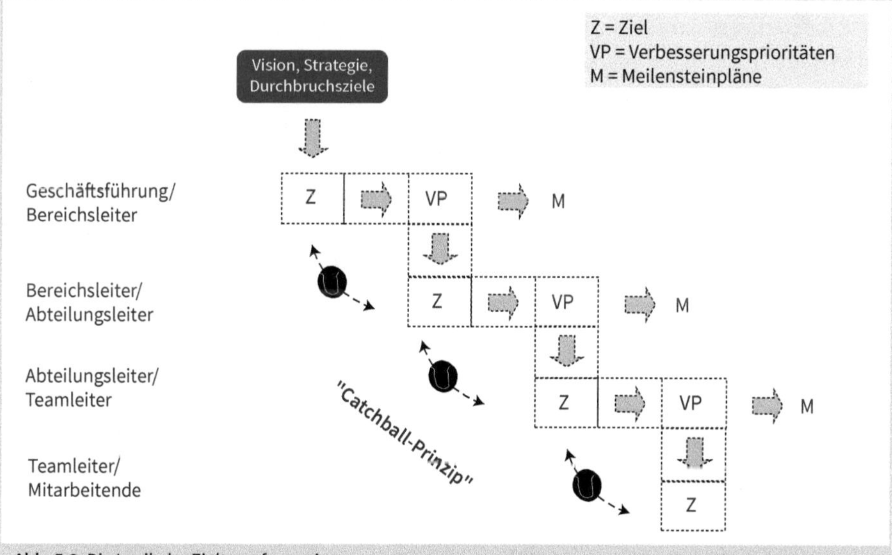

Abb. 5.3: Die Logik der Zieltransformation

Wie wir bereits besprochen haben, legen die ersten beiden Ebenen im Unternehmen – in diesem Beispiel die Geschäftsführung und die Bereichsleiter – auf Basis der lang- und mittelfristigen Orientierung mit Vision, Strategie und Durchbruchszielen die Jahresziele fest. Die Jahresziele sind mit »Z« gekennzeichnet.

Außerdem werden im Rahmen dieser Beteiligten auch die Verbesserungsprioritäten, abgekürzt mit VP, durch die Bereichsleiter erarbeitet. Das heißt, die Geschäftsführung fragt die Bereichsleiter: »*Wie* könnt *ihr* die Jahresziele erreichen?«

Für alle Themen, die nicht auf die nächste Ebene heruntergebrochen werden, definiert das Managementteam Maßnahmen in Form von agilen Meilensteinplänen, abgekürzt mit »M«. Zum Beispiel, wenn es sich um die Entwicklung von Konzepten oder die Schaffung bestimmter Rahmenbedingungen handelt.

Soweit nichts Neues. Die erarbeiteten Verbesserungsprioritäten werden nun automatisch zu den Zielen, abgekürzt mit »Z«, für die nächste Ebene. Dies bedeutet, dass im nächsten Schritt die Bereichsleiter mit ihren Abteilungsleitern die Verbesserungsprioritäten ausarbeiten, indem sie die Abteilungsleiter nach dem »Wie« fragen. Für alle Themen, die nicht auf die nächste Ebene heruntergebrochen werden, werden auch hier Meilensteinpläne erarbeitet.

Diese erarbeiteten Verbesserungsprioritäten werden wieder automatisch zu den Zielen (Z) für die nächste Ebene. Daher wird die nächste Ebene, in unserem Fall die Abteilungsleiter, ihre Teamleiter fragen, mit welchen Verbesserungsprioritäten sie die Ziele erreichen wollen und was ihre Meilensteinpläne sind.

Die Verbesserungsprioritäten werden wiederum automatisch zum Ziel für die nächste Ebene und so weiter, bis hinunter zur untersten Ebene. Das Hin-und-Her-Spielen der Ziele auf den verschiedenen Ebenen wird wie bereits besprochen vom Catchball-Prozess begleitet, der den Dialog fördert. Es wird eine grobe Zielrichtung vorgegeben, die Lösungen werden erarbeitet und anschließend wieder zurückgespielt.

Wie funktioniert diese Logik nun mit der X-Matrix? Das funktioniert im Prinzip genau so, wie ich es eben beschrieben habe (s. Abb. 5.4). Wir haben die X-Matrix auf der ersten Ebene.

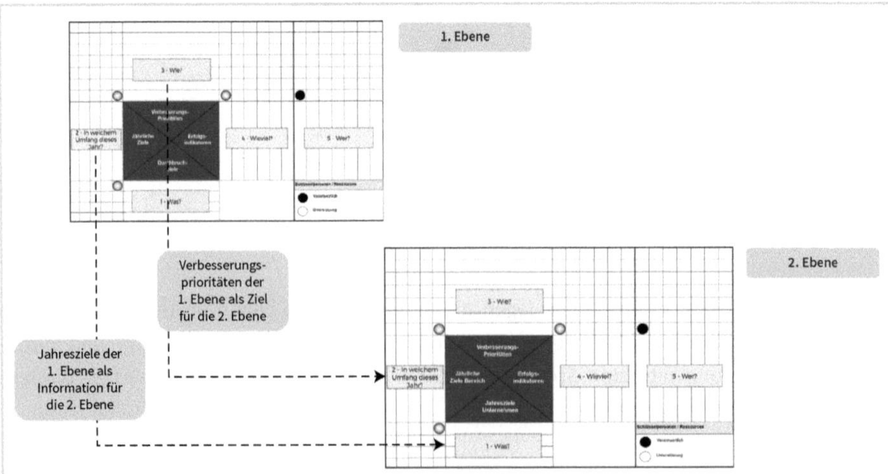

Abb. 5.4: Zielkaskadierung mit der X-Matrix

Wie wir bereits gesagt haben, werden nun die Verbesserungsprioritäten – auf zwölf Uhr – auf der ersten Ebene, zu den Jahreszielen auf der zweiten Ebene. Das heißt, in die X-Matrix auf der zweiten Ebene werden diese Ziele direkt auf neun Uhr eingefügt und somit zur Zielrichtung.

Die jährlichen Unternehmensziele auf der ersten Ebene – auf neun Uhr – kommen zur Information auf die zweite Ebene und werden auf sechs Uhr platziert. Somit sieht die zweite Ebene in *ihrer* X-Matrix, wie *ihre* Ziele wiederum mit den Unternehmenszielen zusammenhängen.

BEISPIEL AUS DER PRAXIS

Nehmen wir noch einmal unser X-Matrix-Beispiel von oben. Es war das Maschinenbauunternehmen in der Lebensmittelindustrie. Die Verbesserungspriorität auf zwölf Uhr in der Top-Level-X-Matrix hieß: »Reduzierung der Durchlaufzeit durch Implementierung von Wertstrom-Management«.
Diese Verbesserungspriorität wird nun zum Ziel für die nächste Stufe, indem sie auf neun Uhr in der X-Matrix der zweiten Ebene eingefügt wird. Das entsprechende Jahresziel aus der Top-Level-Matrix »Erhöhung der Liefertreue« kommt auf sechs Uhr.
Das bedeutet nun, dass die beiden Quadranten in der X-Matrix auf der zweiten Ebene auf »neun Uhr« mit der Zielrichtung für den Bereich sowie auf »sechs Uhr« mit den Jahreszielen des Unternehmens bereits ausgefüllt sind.
Jetzt muss die zweite Ebene *ihre* Verbesserungsprioritäten ausarbeiten, die Erfolgsindikatoren bestimmen und die Verantwortlichkeiten festlegen. Die Ergebnisse müssen sie natürlich wieder in ein Bowling Chart und in Meilensteinpläne überführen.

Die Durchbruchsziele der Top-Level-X-Matrix sind auf der zweiten Ebene grundsätzlich nicht mehr sichtbar, können jedoch ohne weiteres in das leere Feld rechts neben den Jahreszielen eingetragen werden. Das hat sich in der Praxis ganz gut bewährt. Manche meiner Kunden tragen hier zusätzlich auch noch die strategischen Stoßrichtungen ein. Somit hat man auch auf der zweiten Ebene alles auf einen Blick.

Bitte beachten Sie dabei, dass der Planungsprozess Hoshin Kanri in den ersten Jahren nie reibungslos verlaufen wird und sicherlich seine Zeit braucht. Wir führen den Planungsprozess einmal im Jahr durch.

Und jetzt meine Frage an Sie: Wie häufig müssen Sie etwas wiederholen, bis es zur Routine geworden ist? Die Antwort darauf lautet: zehnmal, hundertmal, tausendmal oder noch öfter.

Toyota praktiziert Hoshin Kanri seit mehr als fünf Jahrzehnten und benötigt jetzt nur drei Monate für den weltweiten Planungsprozess, bei dem die Ziele über die Länder, Regionen und Werke jeweils bis auf Gruppenebene heruntergebrochen werden.

Das heißt, wir finden hier eine Routine von 50 Jahren Zielplanungsprozess vor. Und genau das ermöglicht es ihnen, das gesamte Unternehmen jährlich innerhalb von drei Monaten auszurichten. Übrigens wurde Toyota vom Fortune-Magazin zur weltweiten Nummer eins der Autohersteller im Jahr 2020 ernannt. Damit verdrängten sie Volkswagen vom ersten Platz.

Zusammenfassung und Ausblick

Bis hierher haben wir im Kurs den kompletten Planungsprozess besprochen: Von der Langfristplanung, über die mittelfristige Planung bis hin zur unternehmensweiten jährlichen Zielplanung.
Ebenso haben wir die damit verbundenen Werkzeuge intensiv kennengelernt. Im folgenden Kapitel geht es nun darum, wie sich die unterjährige Zielumsetzung konkret gestaltet und was getan werden muss, um diesen Prozess nachhaltig sicherzustellen.

6 Agile Umsetzung der Ziele

Wir haben nun die gesamte Planungsphase mit den Schritten eins bis fünf abgeschlossen. Von nun an beginnt der eigentliche Umsetzungsprozess, nämlich das unterjährige Arbeiten an der Zielerreichung und das beinhaltet die Phasen »Do« und »Check«.

Die »Do«-Phase umfasst in **Schritt sechs des Hoshin-Kanri-Prozesses** (vgl. Abb. 2.3) die agile Umsetzung der geplanten Aktionen, während die Check-Phase in Schritt sieben die regelmäßige Überprüfung der Zielerfüllung als Ergebnis der Do-Phase beinhaltet. Natürlich ist es wichtig, die Mitarbeitenden darin zu qualifizieren, wie sie den Planungsprozess bei Hoshin Kanri durchführen.

Aber fast noch entscheidender ist es, sie darin zu trainieren und zu coachen, die Ziele auch entsprechend diszipliniert umzusetzen. Wie bereits erwähnt wird in vielen Fällen fleißig geplant, aber wenn die Umsetzung ansteht, passiert nicht mehr viel. Dem wollen wir entgegenwirken.

Auf dem Weg zur Zielerreichung laufen die beiden Phasen »Do« und »Check« eng miteinander verzahnt ab und setzen sich aus vielen einzelnen PDCA-Zyklen zusammen. Die Basis in der Umsetzungsphase ist also wiederum die PDCA-Methode.

Warum nun ist der PDCA-Zyklus gerade in der Umsetzungsphase so wichtig? Erstens, weil er uns hilft, in kleinen Schritten und somit kurzzyklisch und agil zu arbeiten, und zweitens, weil PDCA die Basis für kontinuierliche Verbesserung und somit für die Zielerreichung ist.

Ich erlebe sehr häufig in Unternehmen, dass PDCA zwar durchaus ein gängiger Begriff ist. Schaut man sich aber die gelebte Praxis an, erkennt man kaum, dass tatsächlich mit PDCA gearbeitet wird. Deswegen gehen wir insbesondere darauf ein, welches Führungsverständnis in der Umsetzungsphase und somit für das konsequente Arbeiten an der Zielerreichung erforderlich ist.

In diesem Zusammenhang ist auch das disziplinierte Durchführen von regelmäßigen Hoshin-Reviews ein wichtiger Bestandteil. Um diese Reviews so effektiv und effizient wie möglich zu gestalten, müssen Führungskräfte ihre Rolle klar verstehen und dabei geeignete Methoden zur Anwendung bringen.

Die Aufgabe der Führungskräfte ist es, ihre Mitarbeitenden auf dem Weg zur Zielerreichung zu entwickeln und zu unterstützen. Das heißt, sie nehmen hier eine coachende Rolle ein. Dies wiederum bedeutet die Anwendung von richtigen Fragetechniken und gleichzeitig ein unbürokratisches Nachhalten der generierten Erkenntnisse. Natürlich wird das kein Selbstläufer. Deswegen werden wir beleuchten, wie Führungskräfte konsequent an sich selbst arbeiten müssen, um dies in der Umsetzungsphase zur Anwendung zu bringen. Steigen wir nun in die Umsetzungsphase ein!

6.1 Führungsverständnis bei Hoshin Kanri

In diesem Abschnitt geht es darum, welches Führungsverständnis in einer Organisation benötigt wird, um Hoshin Kanri erfolgreich umzusetzen. Dafür ist es wichtig, dass zunächst eine Einbindung der Zielumsetzung in das Tagesgeschäft und in den Führungsalltag erfolgt. An dieser Stelle ist es wichtig, sich noch einmal das Grundverständnis und die Definition von Hoshin Kanri zu vergegenwärtigen, die ich Ihnen zu Beginn des Kurses vorgestellt habe:

Hoshin Kanri ist eine Methode, um Durchbruchsziele zu erreichen. Der Schlüssel liegt darin, Know-how und Führungsfähigkeiten zu entwickeln, um Prozesse signifikant zu verbessern.

Das bedeutet, dass Fähigkeiten in *zwei Bereichen* benötigt werden: Auf der einen Seite, muss die Organisation die notwendigen Hoshin Kanri Instrumente anwenden können, aber auf der anderen Seite müssen Führungskräfte ihre Mitarbeitenden entwickeln, damit sie ihre Ziele erreichen können.

Hinzu kommt, dass Hoshin Kanri das Bewerkstelligen eines großen Veränderungsprozesses in einer existierenden Unternehmenskultur bedeutet. Konkret gesagt, muss eine Kultur, bei der die Menschen lediglich ihre eigene Arbeit in ihrer eigenen Funktion machen oder ihre eigenen Zahlen gut ausschauen lassen, hin zu einer Kultur verändert werden, bei der die Mitarbeitenden entlang der Verbesserung der Wertschöpfung quer über alle Funktionen arbeiten.

Natürlich ist es nicht leicht, eine Kultur zu verändern, denn Kulturen entwickeln sich langsam und eine Veränderung geschieht noch langsamer. Dennoch ist es die Aufgabe aller Führungskräfte, bei der Zielumsetzung ihre Mitarbeitenden permanent zu entwickeln und zu coachen. Insofern darf Hoshin Kanri nicht einfach als »Tool« gesehen werden, mit dem die Ziele erreicht werden können, sondern es muss als ein Führungsinstrument verstanden werden, das tief mit dem Führungsverständnis eines Unternehmens verbunden ist.

Das Führungsverständnis eines Unternehmens ist der Treiber für das Engagement von Mitarbeitenden. So ist z. B. bei Toyota die erfolgreiche Umsetzung von Hoshin Kanri die Folge dieses Engagements, aber Hoshin Kanri selbst ist nicht der Grund dafür.

Führungskräfte bei Toyota bemühen sich permanent, bei jeder ihrer Tätigkeiten um kontinuierliche Verbesserung. Dabei verlangt das Erreichen von Verbesserung von *jeder* Führungskraft – angefangen beim Topmanagement bis zu den Gruppenleitern am Shopfloor – eine konsistente Führung zu jeder Zeit, auf jeder Ebene und auf jeder Führungsposition.

Mit anderen Worten: Dieses Führungsverständnis kann nicht nur von ein paar Kräften mit außergewöhnlichen Fähigkeiten oder überwältigendem Charisma bereitgestellt werden, sondern betrifft alle Führungskräfte im gesamten Unternehmen. Dies ermöglicht es Toyota, viele Hürden und ein dynamisches Wettbewerbsumfeld zu bewältigen.

Dabei möchte ich ausdrücklich darauf hinweisen, dass sich Unternehmen nicht wie die japanische Kultur entwickeln sollen. Was wir aber am Beispiel von Toyota sehen, ist, dass in jeden Mitarbeitende im Unternehmen aufwendig investiert wird, da die Mitarbeitenden als die wertvollste Ressource im Unternehmen gelten.

In diesem Zusammenhang gehören zu den Anforderungen an Führungskräfte im Rahmen von Hoshin Kanri vier wichtige Aspekte (s. Abb. 6.1):

- Erstens müssen sie Herausforderungen annehmen und sich ihnen stellen.
- In dem Zusammenhang müssen sie zweitens offen für die eigene persönliche Entwicklung sein und kontinuierlich an sich selbst arbeiten.
- Drittens ist es ihre Aufgabe, Mitarbeitende zu entwickeln, damit diese ihre Potenziale ausschöpfen und sich wiederum verbessern.
- Viertens müssen sie die Umsetzung der Ziele *konsequent* vorantreiben.

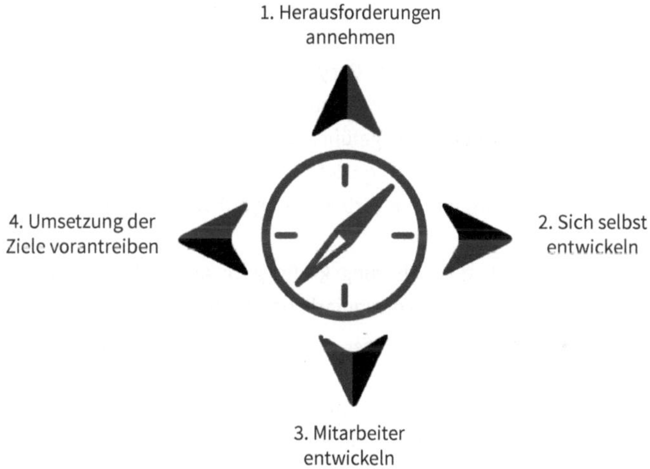

Abb. 6.1: Führungsverständnis von Hoshin Kanri

Jeff Liker (2015) beschreibt in seinem Buch »Lean Leader auf allen Management-Ebenen entwickeln« die Geschichte von Gary Convis, der bei Toyota Leiter Operations für Nordamerika war. Gary Convis bekam in Japan vom Vorstand das Ziel verkündet, dass die Gewährleistungskosten um 60 % gesenkt werden müssen, wohlwissend, dass Toyota zu dieser Zeit bereits Benchmarkführer war und über Jahre die Gewährleistungskosten gesenkt hatte. Man kann diese Zielvorgabe auch als Durchbruchsziel bezeichnen.

Jeff Liker beschreibt, was Gary auf dem Nachhauseflug nach USA durch den Kopf ging, nämlich, dass er Angst und überhaupt keine Idee hatte, wie er dieses Ziel nur erreichen könne. Die gute Nachricht für Gary war jedoch, dass er sich sechs Jahre Zeit lassen konnte. Er sagte sich auch, dass man die Weltmeisterschaft auch nicht sofort gewinnen kann. Es geht erst einmal darum, sich um das nächste Spiel zu kümmern und dieses zu gewinnen. Mit diesem Ansatz ging Gary schließlich ins Rennen, denn eine Reduzierung der Gewährleistungskosten um 10 % jedes Jahr erschien ihm durchaus machbar.

Was Gary auch wusste, war, dass er dieses Ziel nicht nur innerhalb der Produktion erreichen konnte, sondern dass er die Produktentwicklung brauchte, den Einkauf und den Vertrieb. Das bedeutete gleichzeitig auch, dass er hier keine disziplinarische Weisungsbefugnis hatte. Er musste somit horizontale Führung übernehmen und die Bereiche zum Mitmachen gewinnen. Und genau das tat er, in dem er alle Bereiche, die die Gewährleistungskosten beeinflussen konnten, persönlich besuchte und mit ins Boot holte.

Sie fragen sich bestimmt, wie es lief. Man erreichte eine 40-%-Reduzierung nach vier Jahren und hatte im sechsten Jahr die 60-%-Marke erreicht. Natürlich gingen dabei die Gewährleistungskosten nicht geradlinig zurück und die Verbesserung lag auch nicht genau bei 10 % pro Jahr. Manchmal lag man unter und manchmal lag man über dem Ziel. Aber insgesamt konnte das Ziel erreicht werden.

Dieser Prozess ist das Resultat davon, wie Gary mit dem Durchbruchsziel, das er vorgegeben bekam, umgegangen ist. Er hatte sich der Herausforderung gestellt und anschließend ein gesamtes Team von Führungskräften aktiv geführt. Er hatte es geschafft, dass mehrere hundert Leute im Team zusammenarbeiteten und mittels PDCA dieses außergewöhnliche Ziel erreicht. Man könnte es auch eine kontinuierliche Verbesserung auf dem Weg zum Durchbruch nennen.

Wenn es einer Firma gelingt, dass Führungskräfte gute Anwendungsfähigkeiten im PDCA-Zyklus entwickeln, um dadurch nach kontinuierlicher Verbesserung anzustreben, wird das Erreichen von Zielen zu einem Routineprozess.

Daher ist ein Ansatz notwendig, der die eigene Entwicklung und das Training anderer ermöglicht, um nicht nur die richtige Lösung für ein Problem zu finden, sondern um für eine konsequente und konsistente Verbesserung der Leistung im gesamten Unternehmen zu sorgen.

Die Basis hierfür ist PDCA. Wenn auf Ziele hingearbeitet wird, müssen Mitarbeitende und Führungskräfte als Allererstes den PDCA-Zyklus lernen und diesen viele Male im Jahr anwenden.

Im folgenden Abschnitt werden wir uns deswegen den PDCA-Zyklus im Detail anschauen.

6.2 Der PDCA-Zyklus

Die Wurzeln des PDCA-Zyklus gehen auf Walter Shewart (1980) zurück, der als Vater der statistischen Qualitätskontrolle gilt. Von allen Werkzeugen, die im Qualitätsmanagement verwendet werden, ist der PDCA-Zyklus der wichtigste. Er beschreibt die Grundlagen eines Verbesserungsprozesses und gliedert sich in die vier Phasen Plan, Do, Check, Act (s. Abb. 6.2).

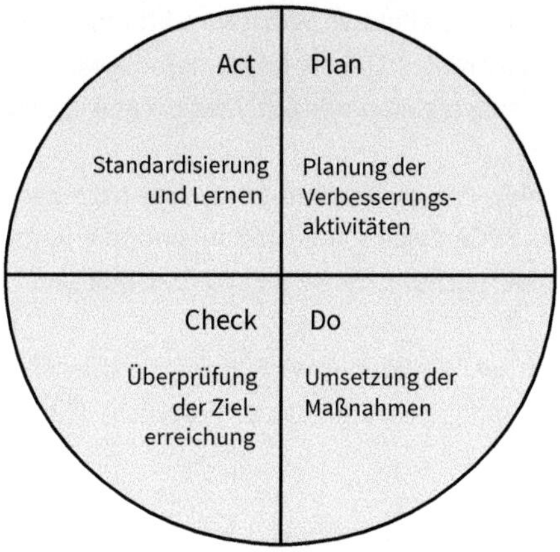

Abb. 6.2: Der PDCA-Zyklus

In der **Plan-Phase** geht es um die Problemauswahl und Planung der Verbesserungsaktivitäten. Hier wird das Problem beschrieben, es werden Informationen gesammelt und die Ist-Situation analysiert. Ebenso werden die Ziele formuliert und Maßnahmen festgelegt. Das ist der Part, den wir in der Zielplanung bereits gemacht haben.

In der **Do-Phase** werden die Maßnahmen unter Einhaltung des Zeit- und Ressourcenplans konsequent umgesetzt. Dies erfolgt mittels entsprechender Dokumentation.

In der **Check-Phase** werden die Ergebnisse in Hinblick auf die Zielerreichung bewertet und damit geprüft, ob die eingeleiteten Maßnahmen den gewünschten Erfolg gebracht haben.

In der **Act-Phase** erfolgt die Reflexion des Umsetzungsprozesses. Wenn sich der gewünschte Erfolg eingespielt hat, wird der erreichte Zustand abgesichert. Hier spricht man in der Regel von Standards, was bedeutet, dass erfolgreiche Vorgehensweisen standardisiert werden. Wenn sich der gewünschte Erfolg nicht eingestellt hat, wird hinterfragt, welche Erkenntnisse dennoch gewonnen werden konnten. Somit wird in der Act-Phase auch das Lernen in den Vordergrund gestellt. In beiden Fällen werden Folgeaktivitäten angestoßen und ein neuer PDCA-Zyklus gestartet.

Die Schritte des PDCA-Zyklus hören sich zunächst sehr einfach an. Leider werden sie oft nicht ganz richtig verstanden oder falsch angewendet. Ich sehe in Unternehmen oft, dass z. B. die Phasen Plan, Check und Act komplett ausgelassen werden und sich diese Unternehmen immer in der Do-Phase befinden, was dazu führt, dass sich alle ständig in einem reinen Firefighting-Modus befinden.

Es ist wichtig, PDCA als einen agilen Regelkreis zu verstehen. Das bedeutet:

- kontinuierliche Planung,
- kontinuierliche Überprüfung der Ergebnisse und
- kontinuierliche Neudefinition der Aktivitäten.

So entstehen Lernzyklen, die eine effektive Selbstkorrektur der Pläne ermöglichen. Stellt sich z. B. eine Aktion für ein angestrebtes Ziel als falsch heraus, wird dies in der Check-Phase erkannt und in der Act-Phase eine regulierende Aktivität zur Korrektur definiert.

Mit Bezug auf unseren Hoshin-Prozess bedeutet das, dass nach der Zielplanung im gesamten Unternehmen viele kleine PDCA-Zyklen angestoßen sind, die kontinuierlich und Schritt für Schritt auf dem Weg zur Zielerreichung umgesetzt werden müssen.

Die Frage, die sich nun stellt, ist: Wie können wir Führungskräfte dahingehend entwickeln, dass sie die Methode von PDCA und gleichzeitig das erforderliche Führungsverständnis auch umsetzen?

Lassen Sie uns das im nächsten Abschnitt behandeln.

6.3 Hoshin-Reviews

Wie in der Einleitung zu diesem Kapitel dargestellt, sind wir nun in der Umsetzungsphase des Hoshin-Kanri-Prozesses. In dieser finden die regelmäßigen Hoshin-Reviews statt. Kaum jemand in Ihrem Unternehmen wird sagen, dass es zu wenige Meetings gibt. Tatsächlich werden Mitarbeitende und Führungskräfte eher fragen: »Was? Ein weiteres Meeting ...?«

Die Idee der Reviews ist es,
- den aktuellen Stand der Zielerreichung auf allen Ebenen regelmäßig zu besprechen,
- zu analysieren, wie man so schnell wie möglich wieder auf den richtigen Weg kommt, wenn es zu Abweichungen gekommen ist,
- aus den gewonnenen Erfahrungen zu lernen und
- die nächsten Aktionen zu definieren.

Abb. 6.3: Trainingsplatz für Manager

Umso wichtiger ist es, dass die Hoshin-Reviews so effizient und effektiv wie möglich durchgeführt werden. Wie oft Hoshin-Reviews stattfinden, hängt von der Art der Ziele und Maßnahmen ab und auch von der Hierarchieebene.

Häufig ist es so, dass auf der Shopfloor-Ebene die Hoshin-Reviews mindestens wöchentlich durchgeführt werden müssen. Auf allen anderen Ebenen empfehle ich gerade zu Beginn mindestens zweiwöchentliche Reviews, um Routine zu bekommen.

Dabei sollten die Hoshin-Reviews einerseits so schnell wie möglich durchgeführt werden. Im fortgeschrittenen Stadium sollten sie maximal 30 Minuten dauern. Auf der anderen Seite soll ein möglichst hoher Output erzielt werden. Dies ist vor allem zu Beginn des Prozesses wichtig, um die Disziplin aufrechtzuerhalten und um eine Routine zu entwickeln.

Dafür müssen Führungskräfte üben! Bildlich gesprochen, müssen sie sich auf einen Trainingsplatz begeben. Und wozu das? Nun, ganz einfach:

- Erstens übt man auf einem Trainingsplatz regelmäßig, um Routinen aufzubauen.
- Zweitens werden Techniken und Spielstrategien trainiert. Das heißt, dass Taktiken geübt werden und dass analysiert wird, welche Spielstrategie zur Vorbereitung auf einen Wettkampf am besten geeignet ist. Wenn Sie z. B. Fußballprofis im Training beobachten, dann werden Sie sehen, dass sie dieselben Pässe in derselben Konstellation viele, viele Male hin und her spielen. Ziel der Übung ist es, automatisch auf ähnliche Situationen im Wettbewerb reagieren zu können.
- Und drittens erhalten die Spieler sofortiges Feedback von ihrem Trainer oder Coach. Er ist nicht Teil des Spiels, aber er ist derjenige, der das Spiel von außen beobachtet und analysiert. Mit diesen Erkenntnissen wird er gemeinsam mit den Spielern die *Techniken* verbessern und das Spiel als Ganzes weiterentwickeln.

Oder nehmen Sie ein Beispiel aus dem privaten Bereich: Ihre Partnerin oder Ihr Partner kommt eines Abends nach Hause und sagt: »Schatz, ich würde gerne mit dir tanzen lernen.« Da Sie das sowieso schon immer wollten, stimmen Sie begeistert zu.

Wie geht es dann weiter? Sie suchen eine Tanzschule mit professionellen Lehrern. Diese werden Ihnen als Tanzpaar *Feedback* geben. Sie werden Tanzschritte, d. h. die *Technik* lernen und Sie werden üben müssen! Üben, üben und üben!

Ganz gleich, welche Aktivitäten wir lernen. Ob Sport, Sprachen, Kunst oder neue Arbeitsprozesse. Diese drei Komponenten werden *immer* notwendig sein, und genau darum geht es in unseren Hoshin-Reviews:

- Wir brauchen eine Technik und eine Strategie,
- wir müssen üben und
- wir brauchen jemanden, der uns Feedback gibt.

Die Frage, die sich nun stellt, ist: Wie lassen sich diese eben kennengelernten Grundbausteine für effektives Lernen auf unsere Hoshin-Reviews übertragen und welche konkrete Rolle spielen Führungskräfte dabei?

Das werden wir uns im nächsten Abschnitt anschauen.

6.4 Führen und Coachen in der Lernzone

Werfen wir zunächst einen Blick auf die Voraussetzungen für die Durchführung von Hoshin-Reviews. Hoshin Kanri konzentriert sich auf Durchbruchsziele, die von ihrem Charakter her immer lösungsneutral sind. Das bedeutet, dass die Lösung, also der Weg zum Ziel, nicht bekannt ist.

Welche Auswirkungen hat das für eine Organisation? Lassen Sie uns das im Detail beleuchten.

Stellen Sie sich vor, Sie sind Führungskraft und gemeinsam mit Ihren Mitarbeitenden oder Ihrem Team definieren Sie ein Ziel in der Komfortzone.

- Was wird passieren? – Das Team wir direkt auf dieses Ziel zugehen.
- Kennt das Team die Lösung? – Ja.
- Ist es eine Herausforderung für die Teammitglieder? – Nein.
- Werden sie Wissen aufbauen? – Nein.
- Sind sie motiviert? – Nein.

Zumindest belegen das viele Studien. Menschen, die keine Herausforderungen haben sind, nicht motiviert, auf etwas hinzuarbeiten. Beachten Sie jedoch, dass es immer Mitarbeitende geben wird, die sich in der Komfortzone sehr wohl fühlen und die keine Herausforderungen annehmen wollen.

In vielen Unternehmen trifft hier im Durchschnitt die 20-60-20-Regel zu (s. Abb. 6.4):

- 20 % der Mitarbeitenden nehmen Herausforderungen aktiv an,
- 60 % arbeiten nicht aktiv von sich aus an Herausforderungen, können aber überzeugt werden, und
- 20 % der Belegschaft weigern sich, Herausforderungen anzunehmen.

Genau dieses Bild zeigt sich meiner Erfahrung nach immer wieder in der Zusammenarbeit mit Führungskräften und Mitarbeitenden. Wenn man jedoch in ihr Privatleben blickt, wird man sehen, welchen Herausforderungen auch die letzten 20 % häufig gewachsen sind. Sie übernehmen teilweise große Aufgaben: Zum Beispiel sind sie Vorstand der freiwilligen Feuerwehr, bauen ihr Eigenheim oder nehmen Pflegekinder auf.

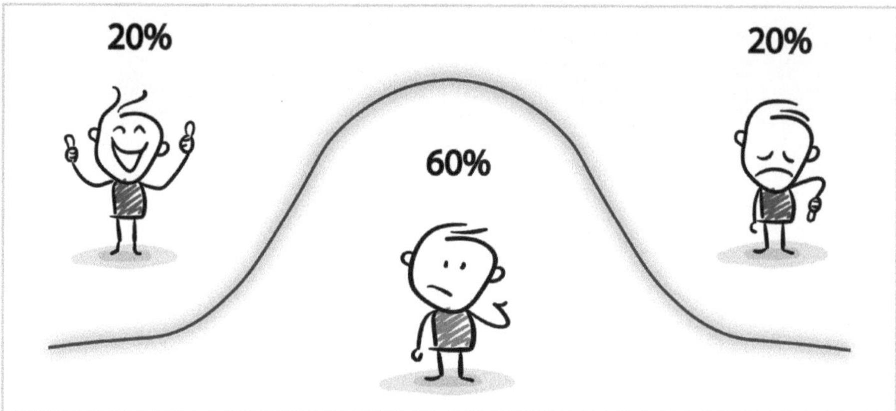

Abb. 6.4: Die 20-60-20-Regel für den Umgang mit Herausforderungen

MEIN TIPP

Konzentrieren Sie sich bei der Einführung von Hoshin Kanri auf die anderen 80 %, um in Gang zu kommen und herauszufinden, was die wahren Interessen der ablehnenden 20 % sind.

Werden die Ziele hingegen so hoch gesteckt, dass sie nicht erreichbar sind, werden die Mitarbeitenden resignieren. Man nennt dies daher die Resignationszone oder auch Angstzone.

- Kennen die Mitarbeitenden die Lösung? – Nein.
- Ist es eine Herausforderung? – Nein, vielmehr ist es eine Überforderung.
- Bauen sie Wissen auf? – Nein.
- Sind sie motiviert? – Nein.

Der Punkt, an dem sich Mitarbeitende oder Teams in der Resignationszone befinden, hängt zum einen vom Reifegrad der Organisation, aber auch von den Charaktereigenschaften jedes Einzelnen ab.

Schließlich gibt es eine weitere Zone in der Mitte, die wir Lernzone nennen. Was passiert in der Lernzone? Wir nehmen jetzt an, dass das Ziel in der Lernzone gesetzt wird.

Die Mitarbeitenden werden innerhalb ihrer Komfortzone bis zur Wissensgrenze geradeaus gehen. Von da an kennen sie den Weg nicht mehr. Sie werden sich einen Plan überlegen, wie sie am besten den Weg zu ihrem Ziel meistern (s. Abb. 6.5).

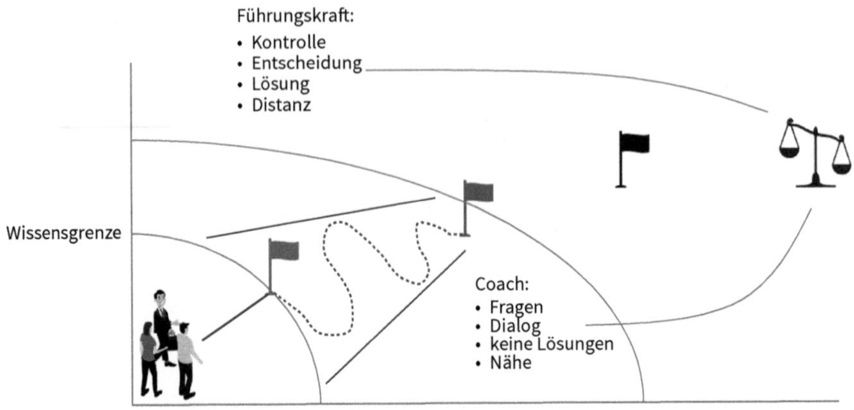

	Komfortzone	Lernzone	Angstzone
Lösung	Ja	Nein	Nein
Herausforderung	Nein	Ja	Nein
Wissen	Nein	Ja	Nein
Motivation	Nein	Ja	Nein

Abb. 6.5: Führen und Coachen in der Lernzone

Da sie den Weg nicht kennen, werden sie experimentieren müssen. Im Prozess des Experimentierens werden sie sicherlich Niederlagen erleben oder Fehler machen. Aber erst dadurch werden sie neue Erkenntnisse gewinnen und sich neue Pläne überlegen müssen. Das Lernen führt in der Regel dazu, dass sie motiviert werden, sich an die Arbeit zu machen und besser mit den auftretenden Herausforderungen umzugehen. Das heißt, sie werden auf dem Weg zum Ziel viele kleine PDCA-Zyklen umsetzen.

Konkret heißt das:

- Kennt das Team in der Lernzone die Lösung? – Nein.
- Ist es eine Herausforderung für sie? – Ja.
- Bauen sie Wissen auf? – Ja.
- Sind sie motiviert? – Ja.

Das Agieren in der Lernzone stellt sehr hohe Anforderungen an eine Organisation. Einerseits erfordert es eine Kultur, in der Fehler toleriert und nicht aus Angst vor Schuldzuweisungen unter den Teppich gekehrt werden. Auf der anderen Seite erfordert es Manager, die wissen, was sie in der Lernzone zu tun haben. Dabei ist die zugrunde liegende Methode »PDCA«!

Was bedeutet das nun für die Rolle einer Führungskraft? Aufgaben einer Führungskraft sind zunächst, dass sie Kontrolle ausübt und Entscheidungen trifft. Sehr häufig sagt sie jedoch auch ihren Mitarbeitenden, was sie tun sollen, und nimmt so Lösungen vorweg. Der Grund dafür ist, dass Führungskräfte in der Regel nie wirklich Führung gelernt haben, sondern nur deshalb zu Führungskräften geworden sind, weil sie hervorragende Fachspezialisten waren.

Darin sind sie qualifiziert, und das ist es, was sie als Führungskräfte häufig weiterhin ausüben wollen. Andererseits wollen sie als Führungskraft Distanz wahren. Auf diese Weise werden sie ihre Teams und Mitarbeitenden durch ihr Verhalten jedoch niemals entwickeln. Um das zu tun, müssen sie eher eine coachende Rolle einnehmen. Dazu müssen sie Fragen stellen und in einen Dialog mit ihren Mitarbeitenden kommen, damit diese nachdenken und eigene Lösungen finden können. Führungskräfte geben also keine Lösungen vor.

Es ist außerdem notwendig, dass sie ihren Mitarbeitenden vertrauen, ihnen die Freiheit geben, zu experimentieren und ihnen zuhören. Nur auf diese Weise können sie die Entwicklung ihrer Mitarbeitenden fördern.

Während Führungskräfte also oft eher Distanz wahren, müssen sie in ihrer Rolle als Coaches Nähe zu ihren Mitarbeitenden suchen. Natürlich sind Führungskräfte nach wie vor Führungskräfte. Das bedeutet, wenn die Teams Aktionen außerhalb des Zielkorridors vornehmen, müssen sie natürlich eingreifen, etwa bei negativen Auswirkungen von Aktionen auf die Kunden.

Aber solange die Aktionen im Zielkorridor bleiben, müssen sie ihren Mitarbeitenden Freiräume geben und ihrer Rolle als Coach nachgehen. Dies ist ein Balanceakt, der für viele Führungskräfte völlig neu ist und der sie in ein großes Dilemma bringt. Die meisten Führungskräfte haben weder Führung noch Coaching gelernt, und noch viel weniger beherrschen sie den Wechsel zwischen Führung und Coaching.

Es liegt nun an den Führungskräften, die richtigen Fragen zu stellen. Das bedeutet, dass wir im ersten Schritt die richtigen Fragetechniken erlernen müssen. Diese schauen wir uns im nächsten Abschnitt an.

6.5 Fragetechniken

Alles, was neu ist, muss viele Male gelernt und geübt werden. Nur so lässt sich eine Routine entwickeln. Ähnlich wie die Kata im Kampfsport. Kata sind Bewegungsmuster, die so lange wiederholt werden, bis sie in Fleisch und Blut übergegangen sind und fast unbewusst ausgeführt werden können. Dadurch ist man in der Lage, reflexartig auf den Gegner zu reagieren. Am Anfang ist es ungewohnt, aber mit der Zeit wird es immer besser und besser.

Probieren Sie es mal: Verschränken Sie die Arme. Und jetzt andersherum. Fühlt sich das ungewohnt an? Ähnlich ungewohnt wird es für Führungskräfte sein, regelmäßige Hoshin-Reviews in ihrer neuen Rolle als Coach durchzuführen.

Wie kann eine solche Routine nun konkret aussehen? Wir haben klare Ziele für das kommende Jahr sowie die Ziele für den Monat in unserem Bowling Chart abgebildet. Durch regelmäßiges Messen wissen wir erstens, wo wir aktuell stehen. So können wir zweitens herausfinden, was gut oder weniger gut gelaufen ist, und drittens über Maßnahmen nachdenken, um in den nächsten Wochen einen weiteren Schritt nach vorne zu machen.

Das ist genau das, was Führungskräfte im Hoshin-Review interessieren wird. Dieser Logik folgt der Ablauf von Hoshin-Reviews. Im Folgenden werde ich Ihnen hierfür einen Leitfaden vorstellen.

Basis-Fragestellungen im Hoshin-Review

Dieser Leitfaden beinhaltet die Basis-Fragestellungen in einem Hoshin-Review. Wichtig dabei ist es, dass Sie diesen nicht als eine starre, auswendig zu lernende Vorlage sehen. Vielmehr sollen die Führungskräfte die grundlegende Struktur verstehen. Das ist wirklich wichtig! Darauf kommen wir weiter unten noch einmal zu sprechen.

Das Hoshin-Review ist somit in drei Abschnitte unterteilt, die der Logik des PDCA-Zyklus folgen.

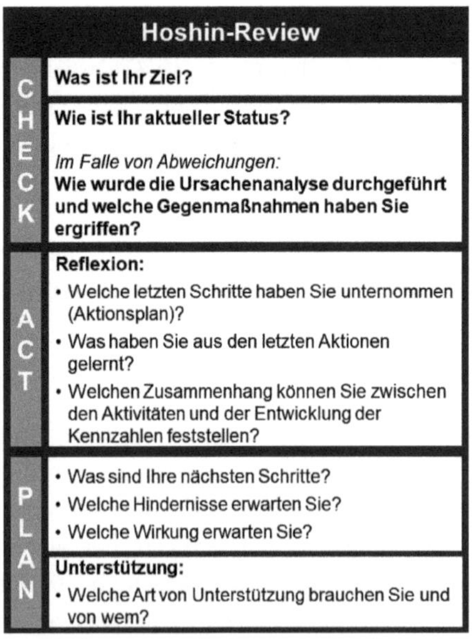

Abb. 6.6: Fragen im Hoshin-Review

Das Hoshin-Review startet mit der **Check-Phase**, in dem wir zu Beginn fragen: »Was ist euer Ziel? Was ist der aktuelle Status?« Dadurch sehen wir sofort, ob wir es mit Abweichungen zu tun haben. Die Zahlen stehen im Bowling Chart. Wenn Sie mit diesen beiden Fragen starten, vermeiden Sie, dass die Teams in ausschweifende Prosaerzählungen verfallen und Sie die Führung über das Gespräch verlieren. Denn: Wer fragt, der führt!

Danach kommt die **Act-Phase**. Hier interessiert uns, was die letzten Schritte waren, die seit dem letzten Review unternommen wurde. Deshalb fragen wir: »Was waren die letzten Maßnahmen?«

Wenn wir Abweichungen identifiziert haben, sollten wir uns eingehender mit den Ursachen und den Gegenmaßnahmen befassen. Die Frage hierzu lautet: »Welche Ursachen liegen zugrunde und welche Gegenmaßnahmen habt ihr ergriffen?«

Passen Sie auf, dass Sie im Review nicht Ursachenanalyse machen, da sonst die Gefahr besteht, dass Ihnen die Zeit davonläuft. Im Idealfall wurde die Ursachenanalyse schon im Vorfeld durch die Teams durchgeführt und es wurden bereits Gegenmaßnahmen definiert. Diese Vorbereitung werden Sie sicherlich nicht von heute auf morgen erreichen, da hierbei Problemlösungsfähigkeiten sowie der Zeitfaktor eine große Rolle spielen. Dadurch, dass die Teams aber die Fragen kennen, die ihnen im Review gestellt werden, werden sie sich im Laufe der Zeit immer besser vorbereiten. Die Folge ist, dass die Reviews immer effizienter laufen werden.

Wir hatten bereits angesprochen, wie wichtig die Lernerfahrung auf dem Weg zur Zielerreichung ist. Deswegen wollen wir herauszufinden, was gut und was weniger gut gelaufen ist und was das Team gelernt hat. Deshalb fragen wir: »Was habt ihr aus den letzten Aktionen gelernt?« Sie soll dazu anregen, darüber nachzudenken, was man hätte anders machen können.

Es ist auch wichtig herauszufinden, ob kausale Beziehungen zwischen den Aktivitäten und den Erfolgsindikatoren bestätigt werden können: »Welchen Zusammenhang könnt ihr zwischen den Aktivitäten und der Entwicklung der Kennzahlen feststellen?« Kann z. B. eine Umsatzsteigerung auf verbesserte Verkaufsaktionen zurückgeführt werden oder ist die Ursache lediglich eine vom Markt getriebene höhere Kundennachfrage.

Um im Bilde zu sein, was das Team nun in Angriff nehmen möchte, interessieren uns die Schritte bis zum nächsten Review und die damit verbundenen Erwartungen:

- »Was sind eure nächsten Schritte?«
- »Welche Hindernisse können auftreten?«
- »Welche Wirkung erwartet ihr?«

Hilfreich ist auch immer die Frage, ob ein Bedarf an Unterstützung besteht: »Welche Art von Unterstützung braucht Ihr und von wem?«

Dies ist ein Signal an das Team, dass die Führungskraft interessiert ist und sich, wenn nötig, für das Team engagiert. Es geht jedoch nicht darum, dass das Team »Monkey Management«

betreibt und Aufgaben an den Manager zurückdelegiert werden. Bildlich gesprochen, würde das bedeuten, dass alle Affen – im Sinne von Aufgaben – auf den Schultern der Führungskraft landen.

In allen Hoshin-Reviews, die ich in den letzten Jahren gecoacht habe, zeigte sich, dass sie in einem Drittel der Zeit durchgeführt werden können, wenn sich die Führungskräfte an die Frageroutine halten und sich diese in den Teams eingespielt hat. Wie gesagt, dabei ist es wichtig, dass die Fragen nicht eins zu eins gestellt oder auswendig vorgetragen werden. Vielmehr geht es darum, die Struktur zu verinnerlichen und das Review so natürlich wie möglich zu führen und durch weitere, situativ notwendige Fragen anzureichern.

Abbildung 6.7 zeigt, wie eng das Hoshin-Review mit dem PDCA-Zyklus verbunden ist. Während im Hoshin-Review die Phasen »Check«, »Act« und »Plan« besprochen werden, ist die anschließende Umsetzung die »Do«-Phase. Je nachdem, wie kurz ein Zyklus geplant ist, dauert die »Do«-Phase etwa eine bis maximal vier Wochen.

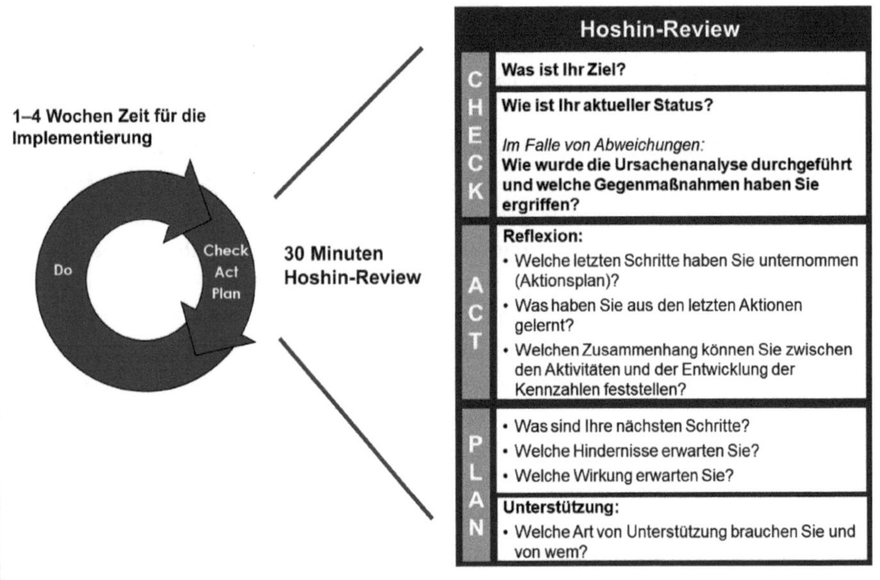

Abb. 6.7: PDCA-Zyklus und Hoshin-Review

Es ist offensichtlich, dass in den Hoshin-Reviews viel Austausch stattfindet und eine Menge Information fließt. Deswegen wollen wir uns im nächsten Abschnitt damit befassen, wie wir sicherstellen können, dass wir das Wichtigste festhalten, ohne jedoch viel bürokratischen Aufwand zu haben.

6.6 Hoshin Memory

Die Fragen, die im Rahmen der Hoshin-Review immer wieder auftauchen, sind: Wie behalten wir die Ergebnisse und Erkenntnisse immer vor Augen? In welchem Umfang und in welcher Form wird das Review dokumentiert? Die Antwort stellt das Hoshin Memory dar.

Zu viel Dokumentation führt zu unnötiger Bürokratie, während kein oder zu wenig Dokumentieren die Gefahr birgt, dass die Lern- und Fortschrittskurve nicht nachgehalten werden kann. Aus diesem Grund empfehle ich Ihnen, die wesentlichen Erkenntnisse – kurz und prägnant mit den Schlüsselaussagen – anhand einer einfachen Vorlage, dem Hoshin Memory, festzuhalten.

Eine verantwortliche Person dokumentiert die wesentlichen Erkenntnisse in Stichworten, am besten in Tabellenform:

- Datum des Reviews
- Wie ist der Status?
- Dann: Welche Probleme gab es und welche Ursachen liegen zugrunde.
- Was sind die Erkenntnisse und inwiefern hat das Team gelernt, was die nächsten Schritte sind und wer was bis wann macht. Im Grunde genommen spiegeln die Spalten eins zu eins die Fragen im Hoshin-Review wider.

In Tabelle 6.1 sehen wir ein Beispiel für ein Hoshin Memory eines Kunden von mir. Es handelt sich um den Fertigungsbereich eines Wohnwagenherstellers. Das Team arbeitete an der Verbesserungspriorität »Senkung der Qualitätskosten«.

Datum Hoshin-Review	**Was ist der Status?**	**Welche Probleme und Ursachen wurden festgestellt?**	**Was haben wir gelernt?**	**Nächste Schritte**	**Wer und bis wann**
6.4	↓	Qualitätskosten drastisch gestiegen und Anstieg Kratzer in Seitenteilen	Lackierer wurde gerufen, eigentliche Ursache nicht erforscht	Ursachenanalyse und Präsentation der Ergebnisse	Leiter Lean Management bis 14.4.
21.4.	→	Qualitätskosten noch über Plan, nicht mehr so stark wie in der Vorwoche	Durch strukturierte Problemlösung wurde Kernursache in der Vorfertigung gefunden	Schulung der Produktionsmitarbeitenden in Ursachenanalyse	Produktionsmitarbeitende und Leiter Lean Management bis 10.6.

Tab. 6.1: Beispiel für ein Hoshin Memory

Das Hoshin Memory vom 6. April zeigt, dass der Status als schlecht bewertet wurde, da »die Qualitätskosten aufgrund einer erhöhten Anzahl von Lackkratzern in den Seitenteilen drastisch angestiegen sind«.

Das Team stellte fest, dass das Lackieren über die Kratzer keine ausreichende Lösung war, da die Kratzer auch weiterhin auftauchten. Sie definierten als nächste Schritte, eine strukturierte Ursachenanalyse durchzuführen und die zeitnahe Präsentation der Ergebnisse. Sie definierten als verantwortlichen Umsetzer den Leiter Lean Management, die Umsetzung sollte bis in einer Woche geschehen.

Beim nächsten Hoshin-Review zwei Wochen später konnte eine Verbesserung des aktuellen Status festgestellt werden. Die Qualitätskosten waren zwar immer noch inakzeptabel hoch, aber niedriger als in der Vorwoche und somit beurteilte das Team den Status als gelb.

Das Team hatte durch die Durchführung eines strukturierten Problemlösungsprozesses gelernt, dass die Kernursache in der Vorfertigung lag. Aufgrund dieses Ergebnisses beschlossen sie, dass alle Mitarbeitenden in der Produktion durch das Lean Management in der strukturierten Problemanalyse geschult werden mussten und jeder auch ein praktisches Problemlösungsprojekt präsentierte. Durch diese Vorgehensweise werden von Review zu Review immer die wesentlichen Themen im Memory festgehalten.

Egal, ob Sie das in Excel, PowerPoint oder auf einem Flipchart festhalten, wichtig ist, dass es einfach und pragmatisch bleibt. Wie wir hier sehen, liegt der Vorteil des Hoshin Memory eindeutig darin, dass Sie den Verlauf der Entwicklung über die verschiedenen Reviews auf *einen Blick* sehen können.

Zusammenfassung und Ausblick

In diesem Kapitel haben wir behandelt, wie sich der unterjährige Umsetzungsprozess gestaltet und insbesondere welche Rolle die Führungskräfte und die Teams dabei einnehmen.
Nun müssen wir noch ein wichtiges Thema behandeln: Was können wir tun, wenn wir während der Umsetzung merken, dass wir unsere gesetzten Ziele nicht erreichen? Das ist der Inhalt des nächsten Kapitels.

7 Überprüfung der Zielerreichung

In diesem Kapitel geht es darum, was wir tun müssen, wenn wir unterjährig Abweichungen von unseren Planzahlen haben. Wir befinden uns in der Check-Phase und dies beinhaltet in **Schritt sieben des Hoshin-Kanri-Prozesses** (vgl. Abb. 2.3) das regelmäßige Überprüfen der Zielerreichung.

Der wesentliche Aspekt, der hier zum Tragen kommt, ist die Anwendung von Problemlösungsmethoden. In der Praxis sind die Fähigkeiten für eine nachhaltige Ursachenanalyse oft nicht sehr ausgeprägt. Das zeigt auch unsere Langzeitstudie, die den Reifegrad von Unternehmen im Hinblick auf die Umsetzung von Lean Management misst. Seit wir diese Studie vor sieben Jahren begonnen haben, hat die Beurteilung von Problemlösungsfähigkeiten bei Mitarbeitenden und Führungskräften immer die niedrigste Punktzahl erhalten.[7]

Unternehmensweite, gut ausgebildete Problemlöser benötigen eine Kultur, in der Abweichungen offen diskutiert werden können und in der die Anwendung dieser Problemlösungsmethoden von der Unternehmensleitung gefordert und unterstützt wird.

Die wichtigsten Problemlösungsmethoden werden wir in den nächsten Abschnitten kennenlernen. Dabei werden Ihnen einige eher bekannt sein und einige weniger. Wichtig ist es jedoch, dass Sie diese nicht nur kennen, sondern wissen, in welchen Situationen Sie welche Methode anwenden.

Um Ihnen die Bewertung und die Auswahl zu erleichtern, habe ich ein Problemlösungs-Portfolio erstellt und die Methoden darin eingeordnet. Dieses Portfolio werde ich Ihnen zunächst erklären. Anschließend steigen wir in die einzelnen Methoden im Detail ein und werden jede Problemlösungsmethode anhand eines Beispiels aus meiner Praxis intensiv beleuchten.

Insgesamt erhalten Sie dadurch ein umfassendes und anwendergerechtes Bild, um effektives Abweichungsmanagement betreiben zu können.

7.1 Problemlösungsmethoden

Wir befinden uns aktuell in Schritt sieben unseres Hoshin-Kanri-Prozesses: die regelmäßige Überprüfung der Zielerfüllung. Das müssen wir tun, damit wir rechtzeitig Abweichungen von unseren Zielen erkennen können und um daraufhin zeitnah Gegenmaßnahmen einzuleiten. Hierfür benötigen wir Fähigkeiten in der Anwendung von Problemlösungsmethoden.

7 Link zur Reifegradmessung »Strategieumsetzung«: https://www.onlineumfragen.com/login.cfm?umfrage=84871

Generell geht es bei der Anwendung von Problemlösungsmethoden darum, die eigentliche Wurzel des Problems zu identifizieren. Wie bereits erwähnt, wenden wir Problemlösungsmethoden dann an, wenn wir eine Abweichung vom Plan haben.

Das erkennen wir dadurch, dass das Bowling Chart eine gelbe oder rote Ampel zeigt. Somit haben wir eine Lücke zwischen Zielwert und aktuellem Status. Bei signifikanten Abweichungen, bei denen wir die Ursache nicht kennen, ist es zwingend notwendig, einen Problemlösungsprozess zu starten, indem die Kernursachen analysiert und Gegenmaßnahmen definiert werden.

Andernfalls wird es vorkommen, dass Abweichungen von Woche zu Woche und von Monat zu Monat geschleppt werden. In der Praxis existiert eine ganze Reihe an Werkzeugen, die insbesondere im Qualitätsmanagement beheimatet sind.

An dieser Stelle möchte ich mich auf diejenigen Werkzeuge konzentrieren, die ich in der Praxis am häufigsten verwenden:

- Mindmapping
- Ishikawa-Diagramm
- Fünf-Warum-Analyse
- Pareto-Analyse
- A3-Problemlösungsmethode
- Root-Cause-Countermeasure-Methode

Alle Methoden haben eines gemeinsam: Die Grundlage ist strukturelles Denken.

Bei der Auswahl der Problemlösungsmethode ist es wichtig, dass Sie auf zwei Aspekte achten: Erstens, wie gut die zugrunde liegende Datenbasis ist, und zweitens, mit welcher Zielgruppe im Unternehmen haben Sie es zu tun – eher mit dem oberen Management oder mit Mitarbeitenden am Shopfloor.

Deswegen habe ich die Problemlösungsmethoden in eine Übersicht gebracht, um Ihnen eine Idee zu geben, welche Methode wann anzuwenden ist (s. Abb. 7.1). Die horizontale Achse zeigt die Dimension »Schwierigkeitsgrad in der Anwendung«, eingestuft nach niedrig und hoch. Die vertikale Achse zeigt die Dimension »Verfügbarkeit von Daten«, ebenso eingestuft von niedrig bis hoch.

Insgesamt sehen wir die sechs oben genannten Problemlösungsmethoden, die ich entsprechend eingeordnet habe. Mindmapping und das Ishikawa-Diagramm (s. in Abb. 7.1 unten links), sind die am leichtesten anzuwendenden Methoden. Oben rechts sehen Sie die Fünf-Warum-Analyse, die Pareto-Analyse, die A3-Problemlösung und die Root-Cause-Countermeasure-Methode, abgekürzt RCCM. Sie haben einen höheren Schwierigskeitsgrad und setzen einen höheren Grad an verfügbaren Daten voraus.

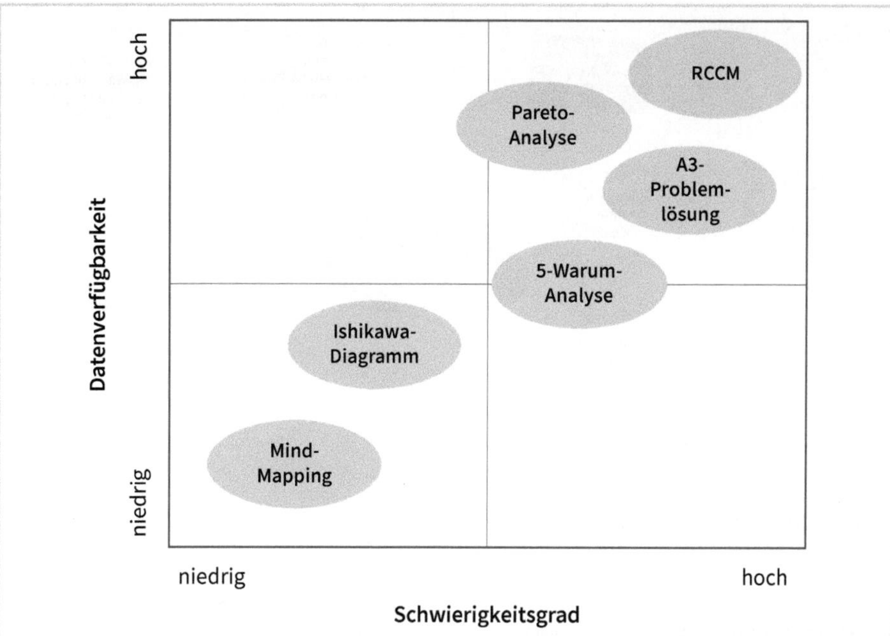

Abb. 7.1: Portfolio mit Methoden zur Problemlösung

7.2 Mindmapping

Es handelt sich wahrscheinlich um die einfachste und bekannteste Methode zur Problemlösung. Mindmapping kann mit dem deutschen Wort Denklandkarte übersetzt werden und dient dazu, komplexe Gedanken, Ideen und Assoziationen zu einem Problem visuell darzustellen.

Diese Methode ist hervorragend geeignet, um die komplexe Art des Denkens besser zu visualisieren als es beispielsweise ein Fließtext oder aufgelistete Stichpunkte können. Mit der Mind map werden insbesondere Verbindungen und Zusammenhänge sichtbar gemacht.

Ich wende sie dann an, wenn wir wenig Zahlen, Daten und Fakten zu Verfügung habe und Teams eher wenig Erfahrung mit Problemlösung haben. Sie ist schnell erklärt und wird sofort interaktiv im Team eingesetzt.

In einem Fall, den ich bei einem Logistikdienstleister durchgeführt habe, bestand das Problem darin, dass die Lieferung zu lange dauerte. Außer den Lieferzahlen mit ihren Abweichungen im Bowling Chart gab es keine weiteren Zahlen, Daten und Fakten. Deswegen einigte man sich im Team auf die Durchführung einer Mindmap.

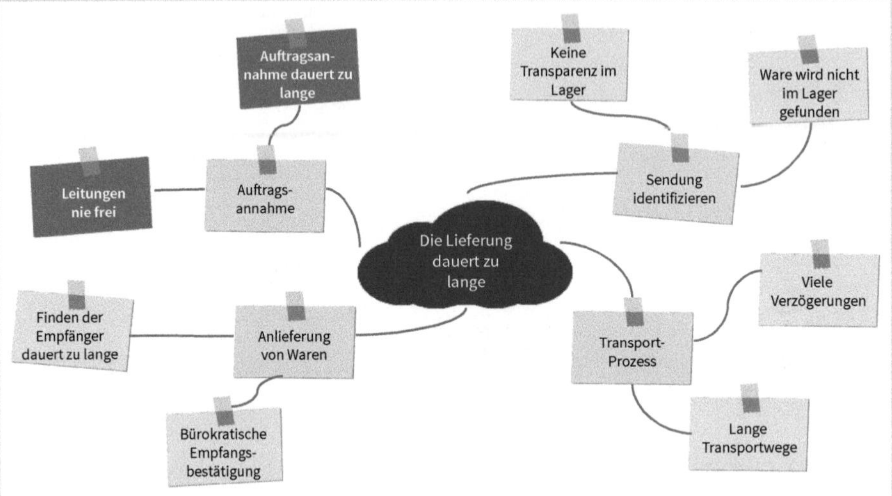

Abb. 7.2: Beispiel für die Mindmapping-Methode

Mindmapping – Vorgehensweise

Die grundlegende Methodik besteht darin, dass die Mindmap zentriert aufgebaut wird: vom Großen ins Kleine, vom Allgemeinen ins Detail. Schreiben Sie das Problem auf ein leeres Blatt Papier oder noch besser auf ein Post-it und kleben Sie es auf eine Metaplanwand. Um das zentrale Problem deutlich hervorzuheben, können Sie es ganz nach Belieben einrahmen – in einem Kreis, Viereck oder einer Wolke. In unserem Fall war das Problem die zu lange Lieferzeit der Waren.

Der nächste Schritt beim Mindmapping besteht darin, im Team mögliche Ursachen zu sammeln, die auf das zentrale Problem einzahlen.

Versuchen Sie so viele Ursachen wie möglich zu finden. Benutzen Sie nur Verben, Substantive, Adjektive oder kleine Zeichen und Symbole. Füllwörter und ganze Sätze sind überflüssig und stören den Prozess. Schreiben Sie ruhig unsortiert auf, was Ihnen in den Sinn kommt – wegstreichen und priorisieren können Sie später noch. Anschließend versuchen Sie, Ordnung in die Gedanken zu bringen, indem Sie Oberbegriffen finden. Die Oberbegriffe bilden die Hauptäste um das zentrale Problem herum und zweigen direkt davon ab.

In unserem Fall definierte das Team vier Hauptbeeinflussungsfaktoren:

- die Auftragsannahme,
- das Identifizieren von Sendungen,
- der eigentliche Transportprozess,
- die Anlieferung von Waren.

> Von den Hauptästen zweigen wiederum Unteräste ab. Hier werden tiefergehenden Ursachen notiert, die zugehörig zu den Hauptästen sind.
>
> Bezüglich der Auftragsannahme wurde beispielsweise festgestellt, dass die Telefonleitungen nie frei waren und dass die Auftragsannahme insgesamt zu lange dauert. Sie können natürlich noch weiter gehen und zusätzliche und detailliertere Ursachen ermitteln.
>
> Abschließend priorisiert das Team jene Ursachen, die den größten Einfluss auf das gesamte Problem haben. Damit die Mindmap inspirierend und visuell eingängig ist, kann mit verschiedenen Farben gearbeitet werden. Das heißt, Sie können farblich zwischen dem zentralen Problem, den Haupteinflussfaktoren und den Unterthemen unterscheiden.
>
> Wenn Ihnen nichts mehr einfällt und die Mindmap vollständig erscheint, können die Äste und Schlüsselworte priorisiert, gestrichen und geclustert werden.

Die Methode Mindmapping ist, wie schon erwähnt, generell zweckmäßig, wenn wir es mit wenig Datenmaterial zu tun haben und es darum geht, eine Flut an Informationen, Einfällen und Ideen erst einmal zu sortieren und anschließend zu priorisieren.

Außerdem ist die Mindmap ein kreatives Hilfsmittel, um sich von eingleisigen Denkprozessen loszulösen und die Gedanken einfach mal laufenzulassen. Dabei können viele Beteiligte eingebunden werden.

7.3 Ishikawa-Diagramm

Eine dem Mindmapping ähnliche Methode ist das Ishikawa-Diagramm, das auch als Fischgrätendiagramm bekannt ist.

Es wird jedoch zur systematischeren und ausführlichen Ermittlung von Problemen verwendet. Der Schwierigkeitsgrad ist etwas höher als beim Mindmapping und es benötigt in der Anwendung auch mehr Zahlen, Daten und Fakten.

Im Folgenden schauen wir uns das Ishikawa-Diagramm am Beispiel eines Kabelherstellers an. Auch hier empfehle ich Ihnen, die Ursachenanalyse als Teamarbeit durchzuführen. Durch das Hinzuziehen von Dritten wird eine vielseitige Betrachtung ermöglicht.

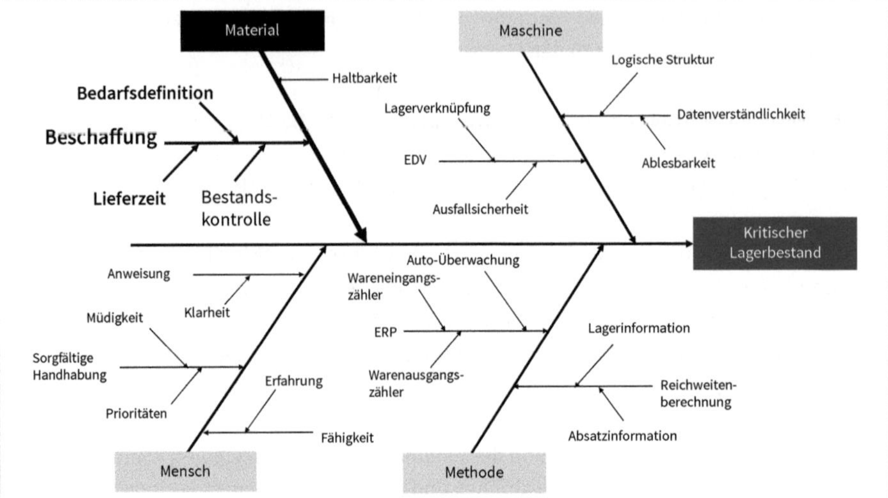

Abb. 7.3: Beispiel für ein Ishikawa-Diagramm

Ishikawa-Diagramm – Vorgehensweise

Sie starten damit, dass Sie das Problem auf die rechte Seite eines Blattes Papier oder auf die rechte Seite einer Metaplanwand schreiben. In unserem Beispiel ist das Problem ein kritischer Lagerbestand.

Anschließend zeichnen Sie einen horizontalen Pfeil nach rechts, dessen Spitze auf das Problem zeigt. Von diesem Hauptstrang gehen schräg die Pfeile der Haupteinflussgrößen ab, die zu dem Problem führen. Diese stellen die Fischgräten dar und werden mit bestimmten Kategorien bezeichnet. Die bekanntesten Kategorien sind Maschine, Material, Mensch und Methode, auch die 4 M's genannt.

Es gibt jedoch noch weitere existierende Kategorien, wie die Mitwelt (sind es die 5 M's) oder zusätzlich das Management (6 M's). Diese bereits vordefinierten Haupteinflussgrößen helfen als Ideengeber für mögliche Suchfelder.

In einem nächsten Schritt sammelt das Team im Rahmen von Brainstorming mögliche Ursachen, die sich den Hauteinflussgrößen bzw. den Kategorien zuordnen lassen.

Bei der Kategorie Material sind es die Beschaffung und die Haltbarkeit. Bei der Kategorie Maschine (hier stellvertretend für Systeme) wurden als Gründe die EDV und Datenverständlichkeit genannt. Bei der Kategorie Mensch sind es Anweisungen, sorgfältige Handhabung und Fähigkeiten. Bei der Kategorie Methode sind es das ERP-System und die Reichweitenberechnung.

Liegen diesen Ursachen wiederum weitere Ursachen zugrunde, so kann weiter verzweigt werden. In der Regel muss eine Ursache mehrmals hinterfragt werden, um an die Wurzel des Problems zu stoßen. Diesen werden Nebenäste in Form von kleineren Pfeilen zugeordnet.

Steigen wir z. B. in der Kategorie Material tiefer in den Beschaffungsprozess ein (in Abb. 7.3 vergrößert dargestellt), sehen wir, dass weitere Ursachen identifiziert wurden: unklare Bedarfsdefinitionen, Lieferschwierigkeiten und die Bestandskontrolle. Bei Bedarf kann bei den Unterästen weiter verzweigt werden.

Im Allgemeinen macht man dies der Übersicht halber nicht mehr im Ishikawa-Diagramm, sondern überführt die Ursachenanalyse in die Fünf-Warum-Analyse, auf die wir im nächsten Abschnitt zu sprechen kommen.

Hat man alle potenziellen Problemursachen aufgeschrieben, werden sie bezüglich ihrer Bedeutung und Einflussnahme auf das Problem gewichtet. An dieser Stelle kommen nun weitere Experimente, Tests, statische Auswertungen zur Anwendung, um die Annahmen in Bezug auf das untersuchte Problem entweder zu verifizieren oder zu falsifizieren. Erst danach können die Problemursachen priorisiert und klassifiziert werden, um Handlungsoptionen und Vorgehensweisen abzuleiten.

Im letzten Schritt werden Maßnahmen zur Behebung des Problems oder zur Prävention erarbeitet und in Hinblick auf Qualität, Kosten und Zeit bewertet.

Die zwei wesentlichen Unterschiede zum Mindmapping liegen darin, dass die Ursachenanalyse anhand vorgegebener Kategorien durchgeführt wird und dass für die Bestätigung von Zusammenhängen stärker mit Zahlen, Daten und Fakten gearbeitet wird.

Vom Schwierigkeitsgrad und von der Datenverfügbarkeit höher angesiedelt ist die Fünf-Warum-Analyse. Diese schauen wir uns im nächsten Abschnitt an.

7.4 Fünf-Warum-Analyse

Die Fünf-Warum-Analyse ist eine Methode, die dazu dient, ein Problem in der Tiefe zu analysieren. Wenn Sie beispielsweise eine Abweichung im Bowling Chart haben, bei dem Sie der Meinung sind, dass man tief in einen Prozess einsteigen muss, ist die Fünf-Warum-Analyse hilfreich. Sie geht davon aus, dass man sich, indem man fünfmal nach dem »Warum« fragt, allmählich der eigentlichen Ursache eines Problems annähert, der sogenannten Kernursache. Dabei darf der Schwierigkeitsgrad nicht unterschätzt werden, er bewegt sich eher im oberen Bereich. Auch benötigt die Fünf-Warum-Analyse gerade in der folgenden Analyse mehr Zahlen, Daten und Fakten als Mindmapping und das Ishikawa-Diagramm.

Die Anzahl der Fragen ist dabei nicht grundsätzlich auf fünf begrenzt, vielmehr ist diese Zahl symbolisch zu verstehen. Wichtig ist, dass so lange nachgehakt wird, bis der fehlerverursachende Prozessschritt eindeutig identifiziert und nicht mehr weiter analysierbar ist.

Eines der bekanntesten Probleme, das mit der Fünf-Warum-Analyse gelöst wurde, betrifft das Jefferson-Denkmal im Nationalpark von Washington D.C., das direkt am Ufer des künstlich angelegten Sees Tidal-Basin liegt.

Das Problem, mit dem die Stadt zu kämpfen hatte, war, dass das Denkmal im Lauf der Jahre immer mehr zerbröckelte, bis beinahe ein Tourist von einem herunterfallenden Zementblock verletzt wurde. Niemand wusste, warum das Denkmal überhaupt bröckelte. Zuerst dachte man, das Problem sei saurer Regen. Allerdings verfiel keines der anderen Denkmäler in der Stadt im gleichen Tempo.

Die Stadt berief ein Komitee ein, das sich des Themas annehmen und das Problem weiter untersuchen sollte. Es verwendete dafür die Fünf-Warum-Analyse.

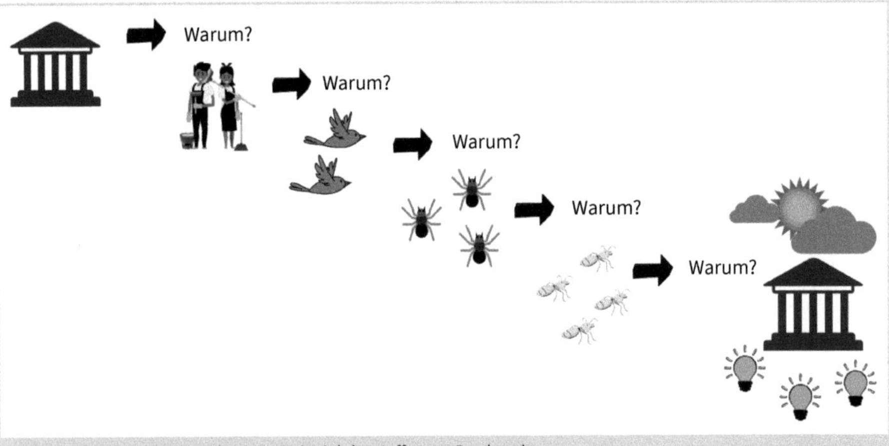

Abb. 7.4: Fünf-Warum-Analyse am Beispiel des Jefferson-Denkmals

Fünf-Warum-Analyse – Vorgehensweise

Als Erstes fragte sich das Team: Warum zerbröckelt unser Denkmal? Untersuchungen und Expertengespräche ergaben, dass das Denkmal regelmäßig mit Hochdruckreinigern geputzt wurde.

Man fand heraus, dass die Reinigungslösung, die verwendet wurde, mit den Abgasen des Kerosins der Flugzeuge, die den Flughafen Dulles anfliegen und wieder verlassen, reagierte. Und dies verursache die Erosion.

> Die erste Idee war es, den Flughafen zu verlegen. Doch diese erste Lösung wurde natürlich schnell wieder verworfen. Andere Ideen waren, anderes Reinigungsmittel zu verwenden. Dies erwies sich jedoch gar nicht als das eigentliche Problem, erkannte das Team, nachdem es weitere Untersuchungen vorgenommen hatte.

MEIN TIPP

So einfach diese Methode auf den ersten Blick erscheinen mag, so schwierig ist es, sie in die Praxis umzusetzen. Sie erfordert intensive Übung und kritisches Hinterfragen der Ergebnisse. Es dürfen auf keinen Fall Annahmen zur Entstehung des Problems getroffen werden. Dies würde zu einer falschen Schlussfolgerung bezüglich der Ursachen führen. Am besten werden die Fakten bzw. Datensätze jeweils direkt bei den Mitarbeitenden, welche im Prozess involviert sind, gesammelt und verifiziert. Das wird auch als Gemba-Evidence bezeichnet und meint, direkt vor Ort die gemachten Annahmen zu bestätigen.
Die Bestätigung dieser Vor-Ort-Annahmen verhindert, dass die Fünf-Warum-Methode zu einem reinen Prozess der deduktiven Argumentation wird, bei der eine große Anzahl zusätzlicher Ursachen erzeugt und noch mehr Verwirrung gestiftet wird, wenn man hypothetischen Problemen nachgeht. Hierzu kommen wir im Detail bei der RCCM (s. Kap. 7.7).

Also ging man direkt zu den Arbeiterinnen und Arbeitern und fragte Sie: Warum reinigen Sie das Denkmal so oft? Sie erklärten, dass es so viele Tauben im und rum des Denkmals gab, welche Kot verursachten. Der Kot musste entfernt werden, um das Denkmal für die Touristen attraktiv zu halten.

Man fragte weiter: Warum sind überhaupt so viele Tauben am und im Denkmal?

Die Antwort lautete: weil die Tauben die vielen Spinnen fressen. Beobachtungen ergaben, dass die Tauben von der exorbitanten Anzahl von Spinnen rund um das Denkmal angezogen wurden, was ein Fest für die Vögel war.

Also fragte man: Warum sind so viele Spinnen im Denkmal? Weitere Untersuchungen ergaben, dass so viele Spinnen im Denkmal waren, weil diese die vielen Mücken fraßen.

Die Frage war also: Warum sind so viele Mücken im Denkmal? Man fand heraus, dass es sich um eine ganz bestimmte Mückenart handelte, die am gleich nebenan gelegenen See Tidal Basin lebte. Weitere Untersuchungen ergaben, dass diese Mückenart eine kurze Reproduktionszeit hat, bei der sich die Mücken in der Dämmerung paaren und kurz nach der Paarung sterben.

Weiterhin fand man heraus, dass zur Abenddämmerung das Licht zur Beleuchtung des Denkmals eingeschaltet wurde. Das Licht zog die Mücken an und sie flogen zur Paarung zum Denkmal. Dort starben sie und fielen auf den Boden. Dies zog wiederum Spinnen an, um die Mücken zu fressen.

MEIN TIPP

Haken Sie so lange mit »Warum« nach, bis Sie die grundlegende Ursache des Problems gefunden haben. Die Praxis zeigt, dass es teilweise sehr schwierig ist, sich durch die fünf Warums durchzuarbeiten. Erst wenn die Antwort auf ein »Warum« einen fehlerhaften Prozess oder einen fehlenden Prozessschritt aufweist, könnte dies die Ursache für das Problem sein. Erst dann ist man an dem Punkt angelangt, wo man überlegen muss, welche prozesssicheren Maßnahmen möglich sind, um ein Wiederauftreten des Problems vermeiden.

Wenn Sie überprüfen möchten, ob die Ursache tatsächlich identifiziert worden ist, können Sie mithilfe einer Wenn-dann-Feststellung versuchen, den Umkehrschluss herzustellen:

- Wenn das Licht die Mücken *nicht anziehen* würde,
- dann würden die Mücken nicht die *Spinnen* anziehen,
- dann würden die Spinnen nicht die *Tauben* anziehen,
- dann würden die Tauben ihren *Kot* nicht hinterlassen,
- dann müsste das Denkmal nicht zweimal wöchentlich mit *Spezialreinigern* gereinigt werden,
- dann würde die Reinigungslösung nicht mit den *Abgasen des Flugzeugtreibstoffes* reagieren und die Erosion verursachen,
- dann würde das Denkmal nicht zerbröckeln und auf Touristen fallen.

Wenn die wahre Ursache des Problems ermittelt ist, muss das Team die praktischen und effektivsten Gegenmaßnahmen, die für den Fall geeignet sind, diskutieren und vereinbaren, um ein Wiederauftreten des Problems zu verhindern.

Schließlich kam man zu der Lösung, dass man das Licht eine Stunde später, nämlich nach der Abenddämmerung, einschaltete. Das führte dazu, dass die Mücken zur Paarung nicht mehr zum Denkmal flogen, sich die Spinnen einen anderen Futterplatz suchen mussten, die Tauben ihre Nester verließen und es mussten nur noch die regulären Reinigungsarbeiten im Jefferson-Denkmal gemacht werden.

Die Untersuchungen hatten sich gelohnt! Anstatt schnell eine Ursache zu bestimmen und die ersten Ideen umzusetzen, konnten mit dieser kleinen Umstellungsmaßnahme die Instandhaltungskosten um ein Vielfaches reduziert werden.

Beachten Sie jedoch, dass es durchaus auch mehrere Grundursachen für ein Problem geben kann. Wichtig ist dabei, dass Sie nicht nur eindimensional fragen und nur eine Antwort zulassen. Es kann auch mehrere Antworten geben, die durchaus unabhängig voneinander sein können. Sehr häufig erlebe ich Teams, die nur eindimensional vorgehen.

Dies zeige ich Ihnen am nächsten Beispiel. Hier ging es darum, dass der Umsatz laut Bowling Chart während des Jahres nicht wie geplant erzielt wurde.

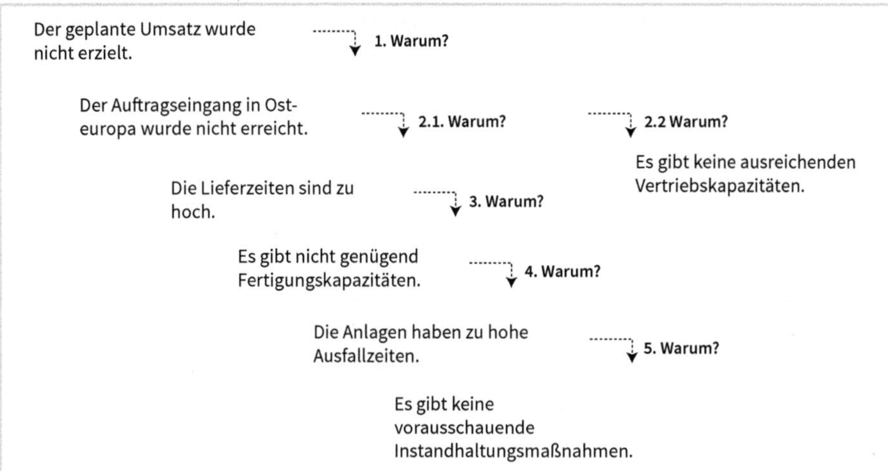

Abb. 7.5: Fünf-Warum-Analyse am Beispiel Umsatzplanung

Die erste Frage nach dem Warum ergab:

- Weil der Auftragseingang in Osteuropa nicht erreicht wurde.
- *Warum* wurde der Auftragseingang in Osteuropa nicht erreicht?
- Weil die Lieferzeiten zu hoch waren.
- *Warum* waren die Lieferzeiten zu hoch?
- Weil nicht genügend Fertigungskapazitäten zu Verfügung standen.
- *Warum* gab es nicht genügend Fertigungskapazitäten?
- Weil es zu hohe Ausfallzeiten bei den Maschinen gab.
- *Warum* waren die Ausfallzeiten bei den Maschinen zu hoch?
- Weil es keine vorrausschauenden Instandhaltungsmaßnahmen gab.

Wie wir in dem Beispiel sehen, sind wir bisher eindimensional vorgegangen. Bereits weit oben, z. B. beim unzureichenden Auftragseingang würden sich sicherlich noch mehr mögliche Antworten finden lassen.

Zum Beispiel könnte eine weitere Ursache sein, dass nicht genügen Vertriebskapazitäten zu Verfügung standen. Diese Antworten sind nicht zwingend voneinander abhängig, da die Vertriebskapazitäten keinen Einfluss auf die Liefertreue haben.

Verbessert man das eine, kann das andere Problem immer noch existieren. Alternativ könnte es passieren, dass über unterschiedliche Antwortäste die gleiche Grundursache identifiziert wird. Das wäre nicht schlimm, aber immerhin doppelte Arbeit.

Was also ist der Zweck der Fünf-Warum-Analyse: Generell wenden wir sie an, wenn wir tief in ein Problem einsteigen müssen. Dabei empfehle ich, sie nicht als eine eigenständige Problemlösungstechnik zu behandeln, sondern in Kombination mit anderen, wie z. B. dem Ishikawa-Diagramm oder der Pareto-Analyse. Letztere schauen wir uns als Nächstes an.

7.5 Pareto-Analyse

Die bisherigen Methoden können insbesondere dann verwendet werden, wenn es eher wenige Daten gibt. Die Pareto-Analyse soll helfen, auf Basis zu Verfügung stehender Daten die größte Ursache oder den größten Hebel für ein Problem herauszufinden. Die Voraussetzung ist also hier eine hohe benötigte Datenverfügbarkeit. Da insbesondere analytische Kenntnisse und Fähigkeiten vorausgesetzt werden, ist sie auch in Bezug auf den Schwierigkeitsgrad im hohen Bereich angesiedelt (s. Abb. 7.6).

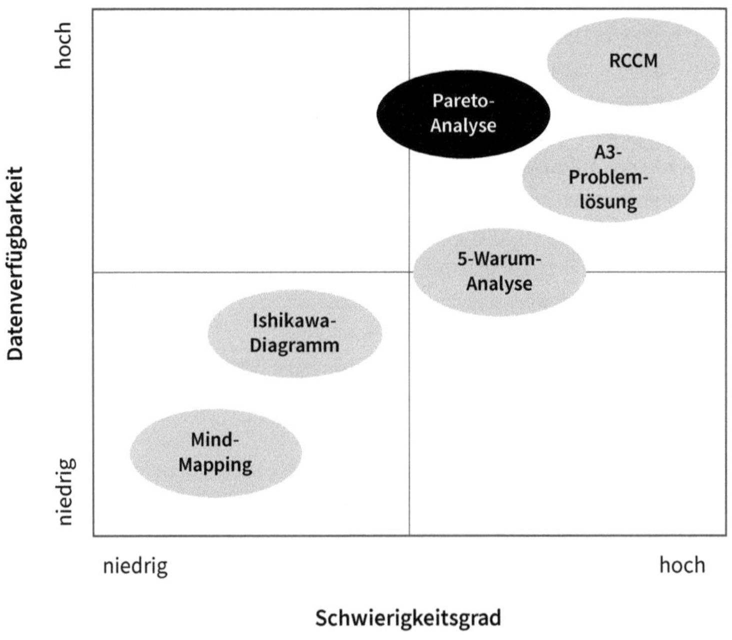

Abb. 7.6: Die Pareto-Analyse im Portfolio der Problemlösemethoden

Üblicherweise wird die Pareto-Analyse auch als die 80/20-Regel bezeichnet, weil man davon ausgeht, dass in den meisten Situationen 80 % der Probleme auf 20 % der Ursachen zurückzuführen sind.

Zum Beispiel:

- 80 % der Unfälle werden von 20 % der Autofahrer verursacht.
- Oder 80 % der Arbeit wird von 20 % der Mitarbeitenden erledigt.
- Oder 80 % des Umsatzes wird von 20 % der Kunden gemacht.

Schaffen Sie zuerst die Datenbasis für Ihr zu analysierendes Problem. Hierbei ist es wichtig, dass sich die Daten in bestimmte vordefinierte Kategorien einordnen lassen. Ein plakatives Beispiel ist die sogenannte Fehlersammelkarte. Auf der Fehlersammelkarte sind die bekannten Fehler- oder Problemarten aufgelistet. Über einen bestimmten Zeitraum werden dann die Häufigkeiten je Kategorie notiert. Eine ähnliche Datenbasis benötigen wir für eine Pareto-Analyse.

Ein Pareto-Diagramm wird dann im Normalfall durch Balken bzw. Säulen dargestellt. Dabei werden die Balken von der höchsten zur niedrigsten Häufigkeit absteigend sortiert.

Pareto-Analyse – Vorgehensweise

Schauen wir uns auch diese Problemlösemethode wieder anhand eines Beispiels an. Dieser Kunde von mir ist ein Zulieferer für Hersteller von Büroeinrichtungen.

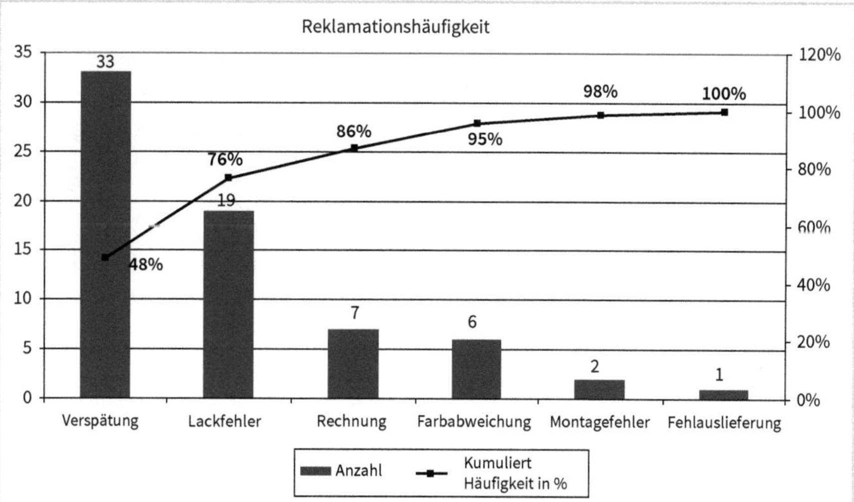

Abb. 7.7: Pareto-Analyse – Beispiel Reklamationshäufigkeit

Bei unserem Zulieferer ging es darum, dass im Bowling Chart die Reklamationshäufigkeit von mechanischen Bauteilen über Plan gestiegen war. Dabei wurden bei der Datenerhebung den Reklamationen sechs Kategorien zugewiesen: Verspätung, Lackfehler, Rechnung, Farbabweichung, Montagefehler und Fehlauslieferung.

Im Pareto-Diagramm werden nun die Daten auf der waagerechten Achse von links nach rechts abgetragen, beginnend mit der häufigsten Reklamationsart. In unserem Beispiel sind es 33 Reklamationen in der Kategorie Verspätung, 19 Reklamationen in Bezug auf Lackfehler und so weiter (s. Abb. 7.7).

Ergänzend wird der Anteil der jeweiligen Reklamationsart an der Gesamtsumme von Reklamationen kumuliert dargestellt. Das zeigt die rote Linie. Dadurch lassen sich von links ausgehend, die Kategorien, die etwa 70 % bis 80 % der gesamten Datenbasis bedeuten, leicht visualisieren. Die Linie für den kumulierten Prozentsatz beginnt am ersten, also höchsten Balken und erstreckt sich bis zum letzten Balken, sodass Sie den zusätzlichen Beitrag jeder Kategorie besser einschätzen können.

Der kumulierte Prozentsatz wird außerdem für jeden Balken unterhalb des Diagramms angezeigt. Wie sie im Beispiel sehen können, machen die Verspätungen 48 % aller Reklamationsgründe aus. Zusammen mit den Lackfehlern beträgt der Anteil 76 %.

Das heißt, diese ersten beiden Reklamationsarten, machen beinahe 80 % aller Reklamationen aus.

Wichtig ist es nun, dass Sie sich nicht nur auf eine Analyse verlassen. Eventuell ist es nötig, tiefer einzusteigen und weitere Paretos zu erstellen. Beispielsweise kann es sinnvoll sein, über weitere, sogenannte mehrstufige Paretos zu analysieren, ob bestimmte Produktgruppen und bestimmte Kundengruppen betroffen sind oder ob sich bestimmte Fehler oder Probleme in bestimmten Schichten oder in bestimmten Bereichen häufen.

Bildlich gesprochen müssen Sie den Elefanten in verschiedene Scheiben schneiden, um weitere Muster zu erkennen. Analysieren können Sie nur so weit, wie Ihnen auch Daten zu Verfügung stehen.

So kann es sein, dass Sie mit der Analyse der Daten bereits auf die Grundursache stoßen. Dies ist jedoch äußert selten der Fall. Das bedeutet, dass Sie an einer bestimmten Stelle die Analytik verlassen und sich für weitere Analysen dem Ishikawa-Diagramm oder der Fünf-Warum Analyse widmen müssen.

Für die Kategorien mit dem höchsten Anteil beginnt nun der eigentliche Verbesserungsprozess, indem Sie die Grundursachen für deren Auftreten ermitteln.

Im nächsten Abschnitt schauen wir uns eine Methode an, die die Anwendung der bisher behandelten Problemlösungswerkzeuge kombiniert: die A3-Problemlösung.

7.6 A3-Problemlösung

Ein weiteres Werkzeug zur Ursachenanalyse ist die A3-Problemlösung. Der Name geht auf das dabei verwendete DIN-A3-Papierformat zurück, das eine übersichtliche und ausreichende Darstellung des Problems und seiner Lösungsansätze ermöglicht.

Die A3-Methode ist ein Qualitätsmanagement-Werkzeug, das dann verwendet wird, wenn das Problem sehr komplex ist. Übertragen auf den Hoshin-Prozess wende ich die Problemlösungsmethode an, wenn wir eine große Abweichung im Bowling Chart haben und der Grund eher auf operativer Ebene bzw. nah am Shopfloor gesucht werden muss.

Die Besonderheit der A3-Problemlösungsmethode besteht darin, dass sie mehrere Problemlösungswerkzeuge kombiniert, um mit einem sehr systematischen und detaillierten Ansatz an die Ursache zu gelangen.

Deswegen muss man die A3-Problemlösung in einen hohen Schwierigkeitsgrad und in einen hohen Grad der Datenverfügbarkeit einstufen.

In einem siebenstufigen Verfahren wird der Problemlöser durch den Problemlösungsprozess geführt. Dabei werden die Ergebnisse in einer »Problemlösungs-Story« anschaulich dargestellt. Methode lebt von der visuellen Gestaltung des bearbeiteten Problems, sodass ein Dritter sehr schnell die Inhalte erfassen kann.

Wir schauen uns im Folgenden Schritt für Schritt einen beispielhaften A3-Problemlösungsprozess an. Es handelt es sich um einen Hersteller von Leiterplatten. Dieser hatte als eine Verbesserungspriorität in der X-Matrix die »Einhaltung der Liefertreue« definiert.

Der zugehörige Erfolgsindikator war die Anzahl der ausgelieferten Leiterplatten im Vergleich zum Plan mit einem Zielwert von 100 %. Das Bowling Chart zeigte, dass bereits im ersten Quartal die Lieferzahlen nicht mehr eingehalten werden konnten. Dies führte zu einer hohen Kundenunzufriedenheit.

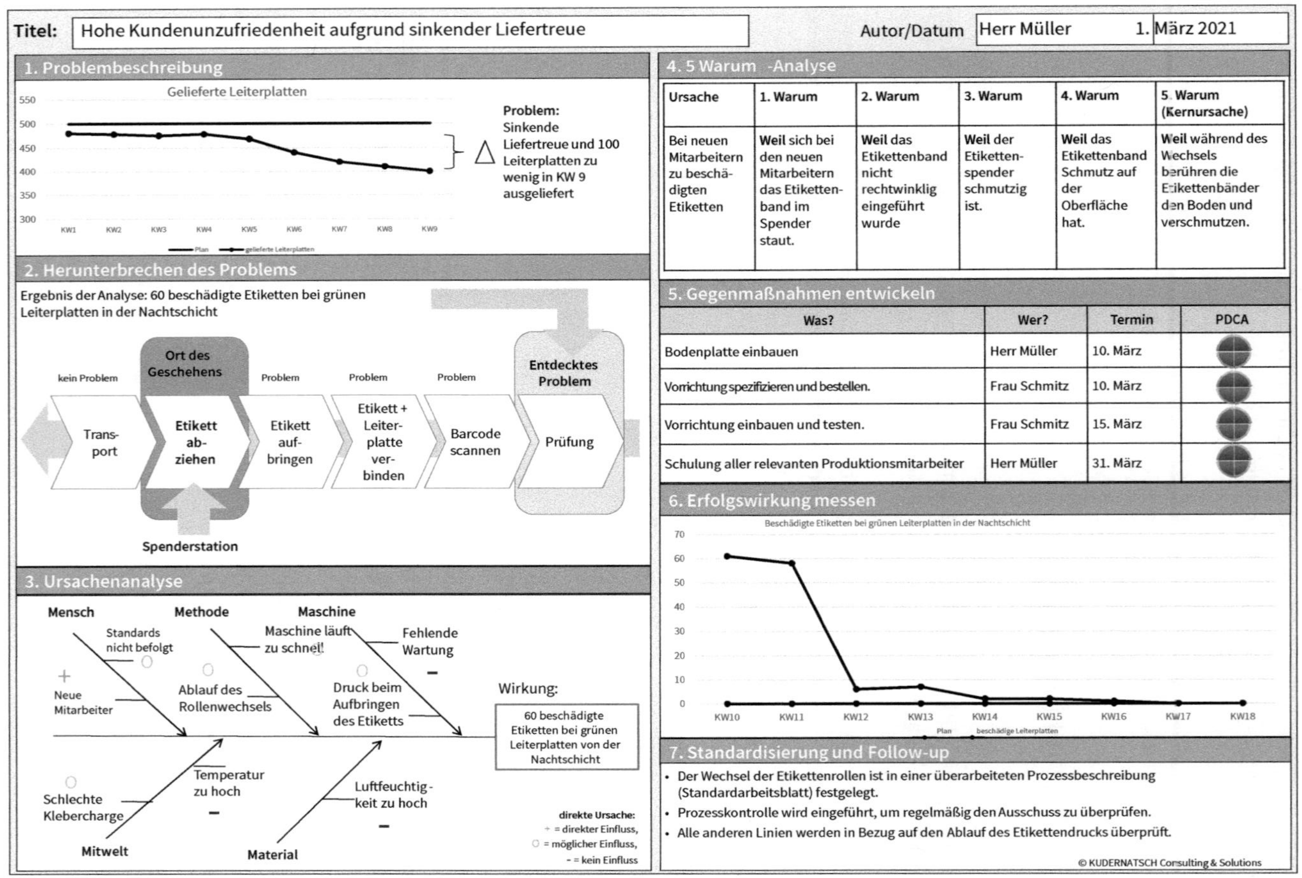

Ursache	1. Warum	2. Warum	3. Warum	4. Warum	5. Warum (Kernursache)
Bei neuen Mitarbeitern zu beschädigten Etiketten	**Weil** sich bei den neuen Mitarbeitern das Etikettenband im Spender staut.	**Weil** das Etikettenband nicht rechtwinklig eingeführt wurde	**Weil** der Etikettenspender schmutzig ist.	**Weil** das Etikettenband Schmutz auf der Oberfläche hat.	**Weil** während des Wechsels berühren die Etikettenbänder den Boden und verschmutzen.

Was?	Wer?	Termin	PDCA
Bodenplatte einbauen	Herr Müller	10. März	
Vorrichtung spezifizieren und bestellen.	Frau Schmitz	10. März	
Vorrichtung einbauen und testen.	Frau Schmitz	15. März	
Schulung aller relevanten Produktionsmitarbeiter	Herr Müller	31. März	

Abb. 7.8: Beispiel für eine A3-Problemlösung

A3-Problemlösung – Vorgehensweise

Zunächst wird der Titel des untersuchten Problems formuliert. Ebenso werden Autor und Datum festgehalten. Beim Titel ist es wichtig, dass dieser noch völlig lösungsneutral ist. Er sollte lediglich das festgestellte Problem und dessen Auswirkung beinhalten. Das Problem wurde folgendermaßen definiert: »Hohe Kundenunzufriedenheit aufgrund sinkender Liefertreue«. Michael Müller war für die Untersuchung des Lieferproblems verantwortlich und Erstelldatum war der 1. März.

Schritt eins startet mit der Beschreibung des Problems. Dieses wird idealerweise auf Basis von Zahlen, Daten und Fakten grafisch darstellt. Dabei werden die Zahlen aus dem Bowling Chart verwendet. Durch die Visualisierung der Plan- und Ist-Werte sehen wir auf einen Blick, in welcher Höhe wir eine Abweichung haben. Unser Beispiel zeigt, wie sich die Ist-Lieferzahlen der Leiterplatten im Vergleich zu den geplanten Lieferzahlen in den ersten Kalenderwochen entwickelt haben. Wir sehen, dass die Lieferzahlen in den ersten vier Kalenderwochen bereits unter dem Plan waren, aber ab der fünften Kalenderwoche drastisch abfielen. In der aktuellen Kalenderwoche, Kalenderwoche 9, wurden anstatt 500 Leiterplatten nur 400 Leiterplatten ausgeliefert, also 100 Leiterplatten zu wenig.

Somit stellt die Abweichung von 100 Leiterplatten unser Problem dar. Die Zahlen aus dem Bowling Chart können hier direkt als Grafik eingefügt werden.

Im zweiten Schritt wird das Problem durch weitere Analysen aufgeschlüsselt. Das können Pareto-Analysen oder Untersuchungen des Prozessablaufs sein.

In unserem Beispiel wurden verschiedene Datenanalysen durchgeführt, die hier jedoch nicht explizit aufgeführt werden. Die ersten Analysen ergaben, dass es sich bei den nicht ausgelieferten Leiterplatten sowohl um beschädigte Leiterplatten handelte als auch um Leiterplatten, bei denen das Etikett beschädigt war. Bei Letzteren, also Leiterplatten mit beschädigtem Etikett, handelte es ich auch um den größeren Anteil.

Dies zeigte die Pareto-Analyse. Des Weiteren zeigten die Daten, dass es sich um 60 grüne Leiterplatten mit beschädigten Etiketten handelte und diese aus der Nachtschicht kamen. Mehr gaben die Daten zunächst nicht mehr her.

Daraufhin schaute man sich die Abläufe direkt in der Nachtschicht an und startete ab dem Punkt, an dem das Problem entdeckt wurde, nämlich bei der Prüfstation. Diesen Prozessschritt sehen wir in Abb. 7.8 im zweiten Feld (Herunterbrechen des Problems) rechts. Von dort aus ging man den Prozess weiter zurück ab, in der Abbildung in die linke Richtung, und stellte fest, dass das Problem an der Spenderstation lag, wo die Etiketten abgezogen wurden.

Die Stelle, an der das Problem zum ersten Mal auftritt, wird auch der Ort des Geschehens genannt. Hat man den Ort des Geschehens identifiziert, weiß man zunächst, wo das Problem liegt, aber nicht, was das Problem auslöst. Deswegen werden im Folgenden tiefergehende Ursachenanalysen durchgeführt.

Im Schritt drei wurde in unserem Beispiel die Ursachenanalyse mittels des Ishikawa-Diagramms durchgeführt. Für das identifizierte Problem, nämlich die »60 beschädigten Etiketten bei den grünen Leiterplatten in der Nachtschicht«, wurden mögliche Ursachen von den Beteiligten in einer Brainstorming-Session identifiziert und den 5M's (Mensch, Methode, Maschine, Mitwelt und Material) zugeordnet.

Gründe waren z. B.:

- nicht befolgte Standards
- zu schnelle Maschinengeschwindigkeit
- fehlende Wartung
- falscher Druck beim Aufbringen des Etiketts
- schlechte Klebecharge
- zu hohe Luftfeuchtigkeit

Anschließend legte das Team fest, wie man einen möglichen Zusammenhang zwischen den genannten Gründen und dem festgestellten Problem überprüfen kann.

Sie legten also fest, *wo* man sich bestimmte Dinge vor Ort anschauen und wo man weitere Analysen durchführen musste. Danach waren sie in der Lage, alle Ursachen in Bezug auf das Problem anhand drei Kriterien zu beurteilen: kein Einfluss, möglicher Einfluss und direkter Einfluss. Die untersuchten Gründe wurden entweder mit einem roten Minuszeichen, einem gelben Kringel oder einem grünen Kreuz markiert.

Eine Analyse der Ausschusszahlen ergab einen direkten Zusammenhang zwischen den beschädigten Etiketten auf den grünen Leiterplatten und den neuen Mitarbeitenden.

Somit wurden die neuen Mitarbeitenden mit einem grünen Kreuz gekennzeichnet. Es war zu diesem Zeitpunkt noch nicht möglich zu beantworten, warum das Problem speziell bei den neuen Mitarbeitenden auftrat. Sie konnten nur feststellen, dass es eine direkte Beeinflussung gab.

Deshalb wurde in Schritt fünf die Fünf-Warum-Analyse durchgeführt, um die *Kernursache* zu finden. Ausgehend von der gefundenen Ursache: »Bei neuen Mitarbeitenden kommt es zu den beschädigten Etiketten« wurde das erste Warum gefragt:

- *Warum* kommt es bei den neuen Mitarbeitenden zu den beschädigten Etiketten?
- Weil sich bei den neuen Mitarbeitenden das Etikettenband im Spender staut.
- *Warum* staut sich das Etikettenband im Spender?
- Weil das Etikettenband nicht rechtwinklig eingeführt wurde.
- *Warum* wird das Etikettenband nicht rechtwinklig eingeführt?
- Weil der Etikettenspender schmutzig ist.
- *Warum* ist der Etikettenspender schmutzig?
- Weil das Etikettenband Schmutz auf der Oberfläche hat.
- *Warum* hat das Etikettenband Schmutz auf der Oberfläche?
- Weil während des Wechsels die Etikettenbänder den Boden berühren und verschmutzen.

Mit dieser Antwort war man an dem nicht funktionierenden Prozessschritt angelangt, nämlich dem »Wechsel der Etikettenbänder« und hatte somit die Kernursache identifiziert. Wie schon bei der Fünf-Warum-Analyse (s. Kap. 7.4) erwähnt, muss die Kernursache immer ein nicht-funktionierender Prozess sein und darf sich niemals auf Mitarbeitende direkt beziehen.

Im fünften Schritt werden Gegenmaßnahmen definiert, um das Wiederauftreten des Problems zu vermeiden. Dabei wird festgelegt, wer was bis wann umsetzt. Der Fortschritt wird mittels der PDCA-Methode gemessen. In unserem Beispiel wurde als Sofortmaßnahme definiert, eine Bodenplatte einzubauen.

Dies sollte von Herrn Müller bis zum 15. März zu erledigen sein. Als prozesssichere Langfristmaßnahme sollte zunächst eine neue Vorrichtung spezifiziert und bestellt werden. Dies lag in der Verantwortung von Frau Schmitz bis zum 16. März. Ebenso sollte in der Verantwortung von Frau Schmitz die Vorrichtung bis zum 26. März eingebaut und getestet sein. Schließlich sollten alle relevanten Produktionsmitarbeitende in der neuen Handhabung bis zum 31. März geschult werden. Dies lag in der Verantwortung von Herrn Müller.

Im Schritt sechs wird die Erfolgswirkung der Gegenmaßnahmen gemessen. In unserem Fall bezieht sich die Erfolgsmessung nur auf die beschädigten Etiketten, da diese auch als das Problem mit dem größten Anteil identifiziert wurde. Wir sehen, dass bereits nach drei Wochen, also in Kalenderwoche zwölf, eine signifikante Verbesserung durch die eingebaute Bodenplatte erreicht werden konnte. Wenige Wochen später gingen die Leiterplatten mit den beschädigten Etiketten auf null zurück. Dies konnte auf die prozesssichere Vorrichtung zurückgeführt werden.

In Schritt sieben geht es darum, die Nachhaltigkeit der Gegenmaßnahmen sicherzustellen und zu überprüfen, ob ein ähnliches Problem noch woanders im Unternehmen auftreten kann. Dieser Schritt heißt Standardisierung und Follow-up. Deswegen wurde der Wechsel der Etikettenrollen in einem Standardarbeitsblatt festgelegt und eine Prozesskontrolle eingeführt, die regelmäßig den Ausschuss prüfte. Außerdem wurden alle anderen Produktionslinien in Bezug auf den Ablauf des Etikettendrucks überprüft.

Wie wir an diesem Beispiel sehen, stellt der A3-Problemlösungsprozess eine sehr umfangreiche Problemanalyse dar, bei der die Ursachenanalyse einen großen Anteil ausmacht.

Der A3-Problemlösungsprozess folgt der PDCA-Logik, da die Schritte eins bis vier den Plan repräsentieren, Schritt fünf das Do, Schritt sechs den Check und Schritt sieben das Act.

In der Praxis besteht die Gefahr bei der A3-Problemlösung darin, dass sie häufig zu großer Bürokratie führt, da Teams und Mitarbeitende angehalten sind, diese Vorlage in allen Details auszufüllen. Dabei geht es hier nicht um Berichtswesen, sondern vielmehr darum, den Prozess der Problemlösung transparent zu machen und Problemlöser in Unternehmen zu entwickeln.

Der A3-Problemlösungsprozess ist ein Spiegelbild des gesamten Denkprozesses. Man spricht daher auch von A3-Denken, das man am besten durch gutes Coaching lernt. Durch die richtige Anwendung entwickelt sich ein Unternehmen hin zu einer lernenden Organisation.

Kaum ein anders Unternehmen hat den A3-Problemlösungsprozess so grundlegend etabliert wie Toyota. Toyota verwendet den A3-Problemlösungsprozess unternehmensweit als das Kernelement im Hoshin-Kanri-Prozess. Dabei stellt es ein Führungsinstrument zur Entwicklung und Befähigung von Teams und Mitarbeitenden dar, um auf der einen Seite Probleme bei Abweichungen auf strukturierte Weise zu lösen und auf der anderen Seite Lösungsansätze für Durchbruchsziele zu erarbeiten. Denken Sie an unser Beispiel von Gary Convis, der das Durchbruchsziel »Reduzierung von Gewährleistungskosten« umsetzen sollte (s. Kap. 6.1). Er wendete zur Bearbeitung dieses Ziels die A3-Problemlösungsmethode an.

Ein ähnliches Instrument ist die Root-Cause-Countermeasure-Methode. Sie wird auch sehr häufig in direkten Bezug zu Hoshin Kanri gebracht. Diese schauen wir uns im nächsten Abschnitt an.

7.7 Root-Cause-Countermeasure-Methode (RCCM)

Die wahrscheinlich unbekannteste Problemlösungsmethode ist die sogenannte Root-Cause-Countermeasure-Methode oder kurz RCCM. Übersetzt bedeutet sie: Kernursache-Gegenmaßnahmen-Methode. Sie ist diejenige Problemlösungsmethode, die am häufigsten in Verbindung mit Hoshin Kanri angewendet wird.

Die RCCM dient explizit dazu,

- Soll-Ist-Abweichungen bei Erfolgsindikatoren im Bowling Chart zu analysieren,
- die Kernursachen herauszufinden,
- Gegenmaßnahmen zu definieren und
- die Nachhaltigkeit der Problemlösung sicherzustellen.

Die wesentlichen Werkzeuge, die hier integriert sind, sind die Pareto-Analyse und die Fünf-Warum-Analyse.

Auf den ersten Blick erinnern die Schritte der RCCM stark an den A3-Problemlösungsprozess. Dennoch gibt es hier unterschiedliche Anwendungssituationen. Wenn es eher um die Ursachenfindung im operativen Tagesgeschäft geht, verwende ich wie bereits erwähnt eher die A3-Problemlösung. Muss ein Problem auf strategischer Ebene auf Basis von Zahlen, Daten und Fakten tiefergehender analysiert werden, verwende ich die RCCM.

Die RCCM ist die am schwierigsten anzuwendende Problemlösungsmethode, da sie auf bestimmten Voraussetzungen aufbaut. So sind z. B. Anwendungsfähigkeiten in der Erstellung von Pivot-Tabellen eine der absoluten Grundvoraussetzungen. Ebenso erfordert sie eine saubere Anwendung von Analysen, ein konsequentes Bestätigen von getätigten Annahmen, prozesssichere Gegenmaßnahmen sowie eine realistische Quantifizierung von erwarteten Wirkungen.

Daher stufe ich die RCCM bei einem hohen Schwierigkeitsgrad und einem hohen Grad an Datenverfügbarkeit ein.

Schauen wir uns die Root-Cause-Countermeasure-Methode intensiver an. Abbildung 7.9 zeigt das Template, das ich bei der RCCM-Analyse bei einem meiner Kunden angewendet habe und das wir im Folgenden im Detail durchgehen. Aus Gründen der Vereinfachung habe ich das Beispiel reduziert und gekürzt.

Der Hintergrund: Es handelt sich um einen Hersteller von Elektrowerkzeugen, der diese weltweit vertreibt. In der X-Matrix hatten wir als eine Verbesserungspriorität formuliert, dass der »Umsatz im indirekten Vertrieb mit Distributoren« gesteigert werden muss. Als Messgröße hierfür definierte das Team den korrespondierenden Umsatz.

Bereits im ersten Quartal zeigte sich im Bowling Chart die erste negative Abweichung, die im zweiten Quartal größere Ausmaße annahm.

Root Cause Countermeasure (RCCM)

Problem:	Wir haben von Jan bis April im indirekten Vertrieb mit Distributoren weltweit um 124k€ zu wenig Umsatz.	Verantwortlich: Michael Müller	Letzte Änderung: 1.5.

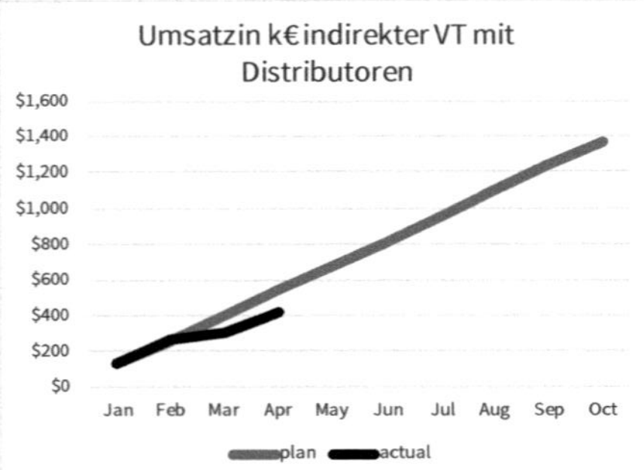

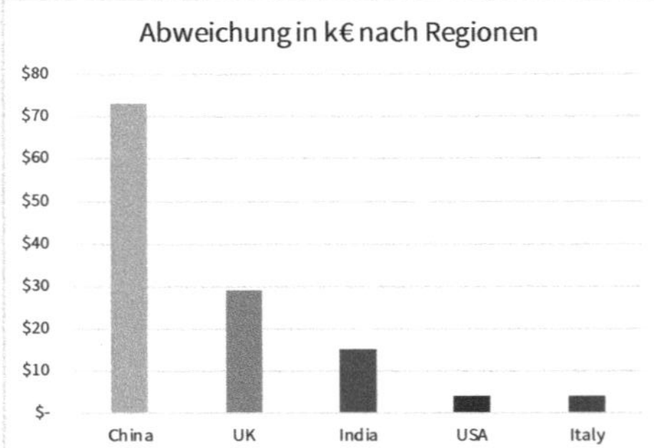

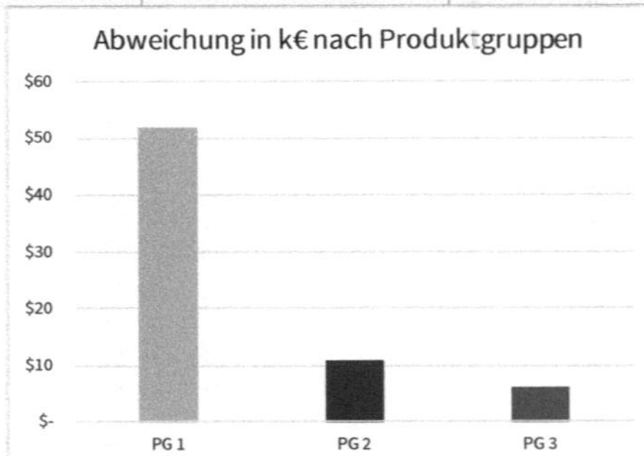

Ursache	1. Warum	2. Warum	3. Warum	4. Warum	5. Warum (Grundursache)	Aktion	Verantwortl.	Bis wann	Effekt Abweichung	Nachhaltigkeit sicherstellen
Distributions Umsatz in China mit Produktgruppe1 ist 52k€ unter Plan	Das chinesische Team konnte Anfragen nicht zu Aufträgen entwickeln	Das Vertriebsteam konnte die Kunden nicht von dem Produkt überzeugen	Das Team in China ist nichtin Produktgruppe 1 trainiert	Trainingsdokumente waren nicht fertig	Die Übersetzung in chinesisch war nicht rechtzeitig fertig	KM: Englischsparchiges Training für die chinesischen Mitarbeiter, die Englisch verstehen	Hr. Müller	25. Mai	40k€	Überprüfte Trainingsprotokolle
Gemba-Evidence	Die ermittelte Hitrate beträgt 15% im Gegensatz zu 35% in anderen Produktgruppen	Value Selling Argumente konnten von den Verkäufern nicht erklärt werden (5 Vertriebs-mitarbeiter wurden befragt)	Es wurde bisher kein Vertriebs-Training durchgeführt	Marketing bestätigt, dass die Dokumente noch nicht fertig sind	Das Übersetzungsbüro war 2 Monate zu spät dran mit der Übersetzung	LM: Implementieren eines Prozesses, die Trainings rechtzeitig zu übersetzen und Top 3 Übersetzungsbüros identifizieren	Hr. Winter	15. Juli	12k€	Rahmenverträge mit den Top 3 Übersetzungsbüros unterzeichnet und Trainingsprozess entwickelt

Abb. 7.9: Root-Cause-Countermeasure-Methode

RCCM – Vorgehensweise

Schritt eins bei der RCCM besteht darin, das Problem zu definieren. Es bezieht sich immer auf die Abweichung laut Bowling Chart und wird mit konkreten Zahlen hinterlegt. Das Problem lautete: »Wir haben ein Defizit von 124.000 € mit unseren weltweiten Distributoren im Zeitraum von Januar bis April.«

Ebenso wird der Verantwortliche für die RCCM-Analyse benannt und das Erstelldatum festgehalten. In unserem Beispiel ist dies Michael Müller mit Datum vom 1. Mai.

Als Nächstes folgt eine Reihe an grafisch dargestellten Ergebnissen aus den Analysen. Die linke Grafik zeigt immer die Darstellung des Bowling Charts mit den Plan- und Ist-Werten, woraus gleichzeitig die Abweichung hervorgeht.

Die restlichen Grafiken zeigen die Ergebnisse der mehrstufigen Pareto-Analysen. Je nachdem, wie viele Darstellungen wir benötigen, können weitere Grafiken hinzugefügt werden.

In der ersten Pareto-Analyse wurden unterschiedliche Dimensionen wie Kundengruppen, Produktgruppen, Branchen und Märkte untersucht. Die Analyse der Daten in Bezug auf Regionen ergab ein signifikantes Bild. Es zeigte sich, dass China mit Abstand die größte Abweichung aufwies. Gefolgt von UK, Indien, USA und Italien.

Aus diesem Grund unterzog man im nächsten Schritt, China einer weiteren Pareto-Analyse und analysierte unterschiedliche Dimensionen. Hier zeigte die Untersuchung in Bezug auf unterschiedliche Produktgruppen ein signifikantes Bild. Produktgruppe 1, nämlich die Standardausführung, zeigte die größte Abweichung in Höhe von 52.000 €. Weitere Pareto-Analysen gab das Zahlenmaterial nicht her.

Im nächsten Schritt wird dann die Fünf-Warum-Analyse durchgeführt. In unserem Beispiel spielen wir die Fünf-Warum-Analyse der Einfachheit halber an *einer* Ursache durch. In der Praxis werden Sie im Normalfall mit mehreren zu analysierenden Ursachen konfrontiert sein.

Folgende Ursache wurde formuliert: Der Distributionsumsatz in China bei der Produktgruppe 1 ist 52.000 € unter Plan. Bei der Fünf-Warum-Analyse im Rahmen der RCCM kommt ein wesentlicher Aspekt hinzu. Die Antworten auf die Warum-Fragen müssen immer aufgrund von Zahlen, Daten und Fakten bestätigt werden. Wie ich das bei der Fünf-Warum-Analyse schon kurz angesprochen hatte, wird dies Gemba-Evidence genannt. Das bedeutet, sich vor Ort den Beweis für die richtige Antwort zu holen. Dabei kann »vor Ort« auch eine Bestätigung mittels Analysen bedeuten.

Somit lautete das erste Warum: *Warum* ist der Distributionsumsatz in China bei der Produktgruppe 1 52.000 € unter Plan? Die Antwort darauf war: Weil das chinesische Team die Anfragen nicht zu Aufträgen entwickeln konnte. Der Gemba-Evidence zeigte, dass die ermittelte Hitrate, also der Anteil von Anfragen, die zu Aufträgen wurden, 15 % war – im Gegensatz zu 35 % in anderen Produktgruppen.

Das zweite Warum lautete: *Warum* konnte das chinesische Team die Anfragen nicht zu Aufträgen entwickeln? Die Antwort lautete: Weil das Vertriebsteam die Kunden nicht von dem Produkt überzeugen konnte. Der Gemba-Evidence zeigte, dass die Value-Selling-Argumente, also die Kundenutzen-Argumente, nicht von den Verkäufern erklärt werden konnten. Das zeigte eine Befragung von fünf Vertriebsmitarbeitenden.

Das dritte Warum: *Warum* konnte das Vertriebsteam die Kunden nicht von dem Produkt überzeigen? Antwort: Weil das Team in China nicht in der Produktgruppe 1 trainiert ist. Der Gemba-Evidence zeigte: Es wurde bisher kein Vertriebstraining durchgeführt.

Das vierte Warum: *Warum* wurde das Team in China nicht in der Produktgruppe 1 trainiert? Antwort: Weil die Trainingsdokumente nicht fertig waren. Der Gemba-Evidence zeigte, dass das Marketing dies bestätigte.

Das fünfte Warum lautete: Warum waren die Trainingsdokumente nicht fertig? Antwort: Weil die Übersetzung ins Chinesische nicht rechtzeitig fertig war. Der Gemba-Evidence identifizierte, dass das Übersetzungsbüro zwei Monate zu spät mit der Übersetzung dran war. Damit hatte man den nicht funktionierenden Prozess und somit die Grundursache gefunden, was unser ursprüngliches Problem, die Unterschreitung des Umsatzziels von 52.000 €, verursachte.

Im nächsten Schritt wurden

- notwendige Gegenmaßnahmen definiert,
- diesen Maßnahmen Verantwortlichkeiten zugewiesen,
- konkrete Termine gesetzt und
- der erwartete Effekt der Gegenmaßnahmen prognostiziert.

Als kurzfristige Maßnahme(KM) wurde festgehalten, dass es zunächst ein englischsprachiges Training für diejenigen chinesischen Mitarbeitenden geben sollte, die Englisch verstanden. Das sollte von Herrn Müller bis zum 25. Mai durchgeführt werden. Als Effekt auf die identifizierte Umsatzabweichung von 52.000 € erwartete man eine Reduzierung in Höhe von 40.000 €.

Als langfristige Maßnahme (LM) wurde definiert, einen Prozess zu implementieren, um die Trainings rechtzeitig zu übersetzen und dafür die Top-3-Übersetzungsbüros zu identifizieren. Das sollte von Herrn Winter bis zum 15. Juli durchgeführt werden. Als Wirkung erwartete man sich einen Effekt auf die Abweichung in Höhe von 12.000 €.

Im letzten Schritt gilt es die Nachhaltigkeit sicherzustellen. Für die kurzfristige Schulungsmaßnahme wurde definiert, dass die Trainingsprotokolle überprüft werden sollten. Für die langfristige Maßnahme wurde festgelegt, dass es unterzeichnete Rahmenverträge mit den Top-3-Übersetzungsbüros gibt und ein Trainingsprozess entwickelt ist.

Mit den definierten Aktionen zur Sicherstellung der Nachhaltigkeit konnte die Analyse abgeschlossen und die Umsetzung gestartet werden.

Innerhalb der Hoshin-Reviews, insbesondere wenn wir es mit Abweichungen von den Zielwerten zu tun haben, machen die eingeleiteten Gegenmaßnahmen und die Abschätzung ihrer Wirksamkeit einen essenziellen Anteil aus.

Insgesamt sehen wir, wie schon erwähnt, dass wir durch RCCM dazu gezwungen werden, unsere Ergebnisse, Aussagen und Annahmen, soweit es möglich ist, zu konkretisieren und zu spezifizieren. Sicherlich mag RCCM auf den ersten Blick komplex erscheinen, aber auch hier gilt das Motto: Übung macht den Meister!

Und auch wenn es für manche so aussehen mag, dass eine solche Analyse ein Overkill ist, so zeigen sich sehr häufig in der Praxis einzigartige Einsichten, wenn man sich die Zeit nimmt, tief in das Problem einzutauchen. Denn meine Erfahrung hat gezeigt, dass die Meinungen der Interessenvertreter über das, was vor sich geht, meistens falsch sind. Hinzukommt, dass mit einer viel zu oberflächlichen Sicht auf das Problem gerne oft mit dem Finger auf andere Abteilungen gezeigt wird.

Hier gilt das Motto: »Ohne Daten geht gar nichts.« Wir müssen valide wissen, was zu der Abweichung geführt hat, um zu wissen, welche Probleme gelöst werden müssen.

MEIN TIPP

Wenn Sie Ihre Organisation in Problemlösungsfähigkeiten stärker befähigen möchten, empfehle ich Ihnen, dies top-down einzuführen. Der Start mit Trainings am Shopfloor wird keine Nachhaltigkeit mit sich bringen. Eine gute Problemlösungskultur *muss von oben* vorgelebt, eingefordert und vor allem gecoacht werden.

Auch Danaher setzt die RCCM als das Hauptwerkzeug zur Abweichungsanalyse ein, und nennt es schlicht den Problemlösungsprozess (PSP). Das Unternehmen beschreibt intern seinen Problemlösungsprozess als »einen Denkprozess und eine Kultur, die es den Danaher-Mitarbeitenden ermöglichen, Leistungslücken zu schließen, indem sie zur wahren Ursache vordringen und wirksame, nachhaltige Gegenmaßnahmen umsetzen. PSP ist ein systematischer Rahmen und Prozess zur Lösung von Problemen in jedem Unternehmensbereich. Er sollte immer dann angewendet werden, wenn es eine Leistungslücke zwischen dem, wo wir sind, und dem, wo wir sein wollen, gibt«.

Zusammenfassung und Ausblick

In diesem Kapitel haben wir die verschiedenen Methoden zur Problem- bzw. Abweichungsanalyse kennengelernt. Wie bereits erwähnt, ist die konsequente Anwendung dieser Methoden die größte Kür im Strategieumsetzungsprozess, den nur sehr wenige Unternehmen beherrschen und unternehmensweit etabliert haben.
Damit haben wir die Check-Phase abgeschlossen und widmen uns im nächsten Kapitel der Act-Phase des Hoshin-Kanri-Prozesses.

8 Lernen aus dem Prozess

Der letzte Schritt im jährlichen PDCA-Zyklus ist die Act-Phase. Dies ist der **achte Schritt im Hoshin-Kanri-Prozess** (vgl. Abb. 2.3) und hier geht es um das Lernen aus dem Prozess und dessen Anpassung bzw. Verbesserung.

Die zugrunde liegende Methode ist die President's Diagnosis, sie ist ein integraler Bestandteil von Hoshin Kanri. Die President's Diagnosis bindet das Topmanagement und die Führungskräfte direkt an ein systematisches Review, das die Qualität der Hoshin-Kanri-Umsetzung bewertet.

Ähnlich wie bei der Retrospektive in der agilen Welt geht es bei der President's Diagnosis in erster Linie um die Verbesserung des Hoshin-Kanri-Prozesses. Erinnern Sie sich an das eingangs erwähnte Zitat von Danaher: »Wir verwenden das Danaher Business System, um zu steuern, was wir tun, zu messen, wie gut wir es ausführen, und um Optionen für noch bessere Leistungen zu schaffen – einschließlich der Verbesserung des Danaher Business Systems selbst.«

In diesem Kapitel stelle ich Ihnen die President's Diagnosis vor und zeige, mit welchen Methoden Sie diese durchführen können, um die Performance Ihres Hoshin-Kanri-Prozesses stetig zu verbessern.

Zunächst spielen wir die President's Diagnosis anhand eines konkreten Beispiels durch, und zwar von der Durchführung bis hin zu den erarbeiteten Verbesserungsmaßnahmen.

Dabei behandeln wir z. B.:

- Wer sind die Teilnehmer?
- Wie lange dauert eine President's Diagnosis?
- Wie erhalten Sie konstruktives Feedback?
- Wie leiten Sie davon effektive Verbesserungsansätze ab?
- Wie sorgen Sie für eine nachhaltige Umsetzung?

Anschließend beschäftigen wir uns damit, wie Sie in Ihrem Hoshin-Kanri-Prozess stetig über die Jahre auf ein höheres Umsetzungsniveau kommen können. Hierfür habe ich ein Reifegradmodell entwickelt, welches ich Ihnen in diesem Zusammenhang vorstelle. Doch steigen wir zunächst in die Durchführung einer President's Diagnosis ein.

8.1 President's Diagnosis – die Durchführung

Die President's Diagnosis wurde ursprünglich in Japan entwickelt und ist ein integraler Bestandteil von Hoshin Kanri. Die Methode wurde ursprünglich so genannt, weil der Präsident des Unternehmens am Ende des Jahres persönlich seine Unternehmen, Standorte oder Werke besuchte, um die Anwendungsfähigkeit in Bezug auf Hoshin Kanri zu beurteilen.

Die Fragen, die sich nun stellen, sind: Wie läuft eine President's Diagnosis konkret ab, und wie kann man diese so effektiv und so effizient wie möglich gestalten?

Über viele Jahre, in denen ich Erfahrungen mit Hoshin-Kanri-Projekten sammeln konnte, habe ich bewährte Methoden entwickelt, die sich pragmatisch anwenden lassen. Eine dieser Vorgehensweisen stelle ich Ihnen jetzt vor und empfehle Ihnen, diese auf jeden Fall in den ersten drei Jahren anzuwenden.

Der erste Schritt besteht darin, ein interdisziplinäres Team aus Vertretern des Topmanagements sowie freiwilligen Führungskräften und Mitarbeitenden zu bilden. Wichtig ist, dass das Team einen Querschnitt Ihres Unternehmens repräsentiert. Ich habe die President's Diagnosis mit 10 bis über 30 Personen durchgeführt, sowohl als Präsenzveranstaltung als auch Online.

Planen Sie insgesamt ca. drei Stunden ein. Alle Beteiligten sollten gut vorbereitet in die President's Diagnosis kommen. Das bedeutet, sie sollten sich bereits von ihren Kollegen Feedback eingeholt haben. Eine Frage dafür wäre z. B.: »Was lief im letzten Jahr im Rahmen des Hoshin-Kanri-Prozesses gut und was war weniger gut?«

Wenn es eine Präsenzveranstaltung ist, bereiten Sie eine Wand mit beklebtem Metaplanpapier vor und tragen Sie oben die Zeitachse ein. Wenn Sie mit kollaborativen Onlineplattformen arbeiten, können Sie das genauso entsprechend vorbereiten.

Bei dem Kundenbeispiel in Abbildung 8.1 handelt es sich um ein IT-Unternehmen, bei dem wir die President's Diagnosis im dritten Quartal des ersten Jahres der Hoshin-Kanri-Umsetzung durchgeführt haben. Daher sind die Monate des Vorjahres, in dem wir zum ersten Mal den Planungsprozess durchgeführt haben, hier als separate Monate angeführt. Im Jahr der Zielumsetzung sind dann lediglich die Quartale eins bis vier aufgeführt.

Zeichnen Sie nun eine horizontale und eine vertikale Achse. Auf der horizontalen Achse, die in der Mitte der vertikalen liegt, führen Sie die wesentlichen Events auf, die im Rahmen sowohl des Planungs- als auch des Umsetzungsprozesses stattgefunden haben.

In unserem Beispiel startete der Hoshin-Kanri-Prozess mit einem Strategie-Workshop im August und anschließender Erarbeitung der Top-Level-X-Matrix. Von September bis Oktober wurden die 2nd-Level-X-Matrizes erarbeitet, gefolgt von den 3rd-Level-Workshops im November.

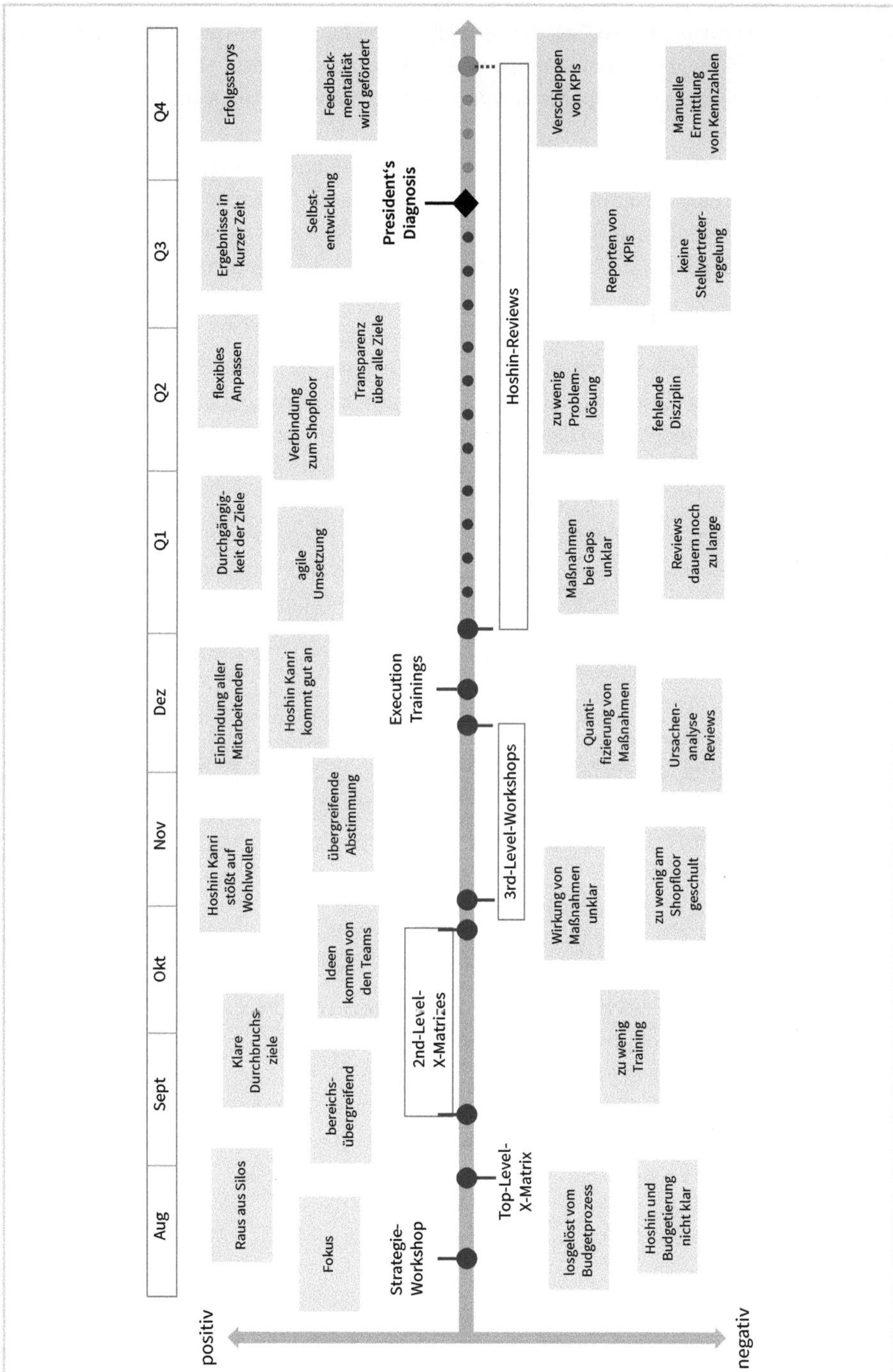

Abb. 8.1: Beispiel einer Bewertung des Hoshin-Kanri-Prozesses in der President's Diagnosis

Am Ende des Jahres wurden Ziel-Execution-Trainings durchgeführt, um die Organisation in den wesentlichen Werkzeugen zur unterjährigen Zielumsetzung zu schulen. Ab dem ersten Quartal starteten die regelmäßigen Hoshin-Reviews in einem Zyklus von einem Monat.

Die vertikale Achse benennen Sie oben mit »positiv« und unten mit »negativ«. Lassen Sie nun im nächsten Schritt die Teams brainstormen, was sie im Laufe des gesamten Prozesses positiv erlebt haben. In unserem Beispiel haben wir hierfür grüne Post-its verwendet. Die aufgeführten Events helfen bei der Ideensammlung und bringen die geschriebenen Kärtchen gleichzeitig auf eine Zeitschiene.

Außerdem sammeln die Teams mittels roter Karten Themen, die sie eher negativ erlebt haben, und ordnen diese ebenso der Zeitschiene zu. Bei diesem Brainstorming zählt das Motto: Quantität! Also, so viel wie möglich auf die Wand bringen. Aus Gründen der Übersichtlichkeit sehen wir in Abbildung 8.1 einen reduzierten Anteil von gesammelten Kärtchen.

Sind die Teilnehmer mit dem Schreiben der Kärtchen fertig, dann clustern Sie im Team die Kärtchen und definieren Überschriften (s. Abb. 8.2). Das bringt Ordnung und Übersichtlichkeit in das Brainstorming. In unserem Beispiel sehen wir, welche Themen die Teilnehmer als positiv erlebt haben:

- Fokus durch klar definierte Ziele
- bereichsübergreifende Abstimmung
- Einbindung von Mitarbeitenden
- gute bisher erzielte Akzeptanz
- agile Zielumsetzung
- ein hoher Grad an der Durchgängigkeit von Zielen
- bisher erzielte Ergebnisse
- eine Verbesserung der persönlichen Weiterentwicklung

Als negativ wurden z. B. genannt,

- dass die Hoshin-Planung losgelöst vom Budgetprozess erfolgte;
- dass die Wirkung von erarbeiteten Maßnahmen unklar war;
- dass es zu wenig Training gab;
- dass Problemlösungsfähigkeiten noch unterrepräsentiert waren;
- dass es eine mangelnde Konsequenz in der Durchführung von Reviews gab;
- dass der Aufwand bei der Ermittlung von Kennzahlen zu groß war.

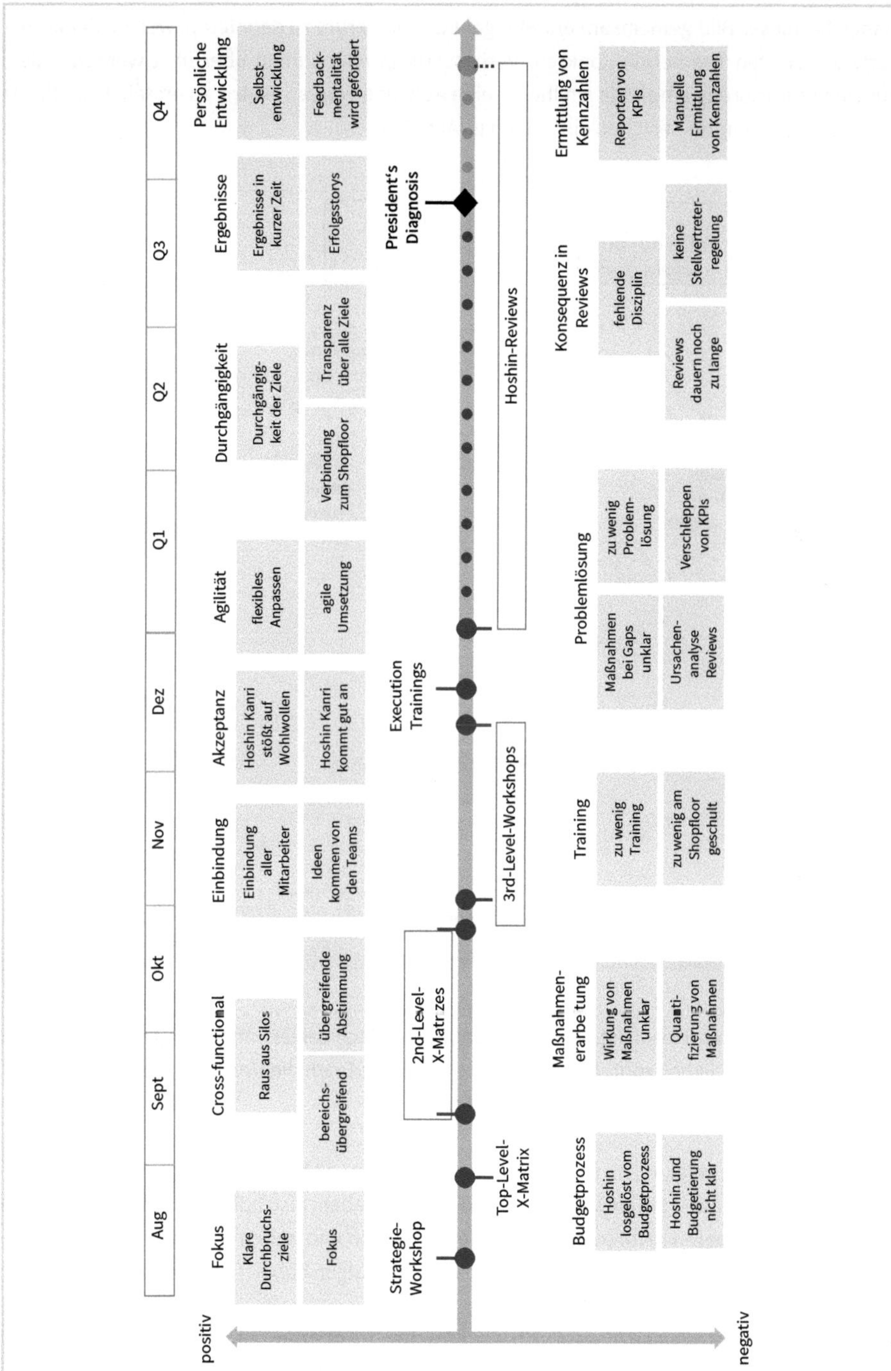

Abb. 8.2: Bewertung des Hoshin-Kanri-Prozesses geclustert

Haben Sie dieses Bild gemeinsam erstellt, geht es nun darum zu definieren, welche der als negativ bewerteten Themen in konkrete Verbesserungsmaßnahmen überführt werden sollen. Für eine Priorisierung empfehle ich Ihnen, eine Aufwand-Nutzen-Matrix zu erstellen, in die Sie die negativ genannten Kärtchen einordnen (s. Abb. 8.3).

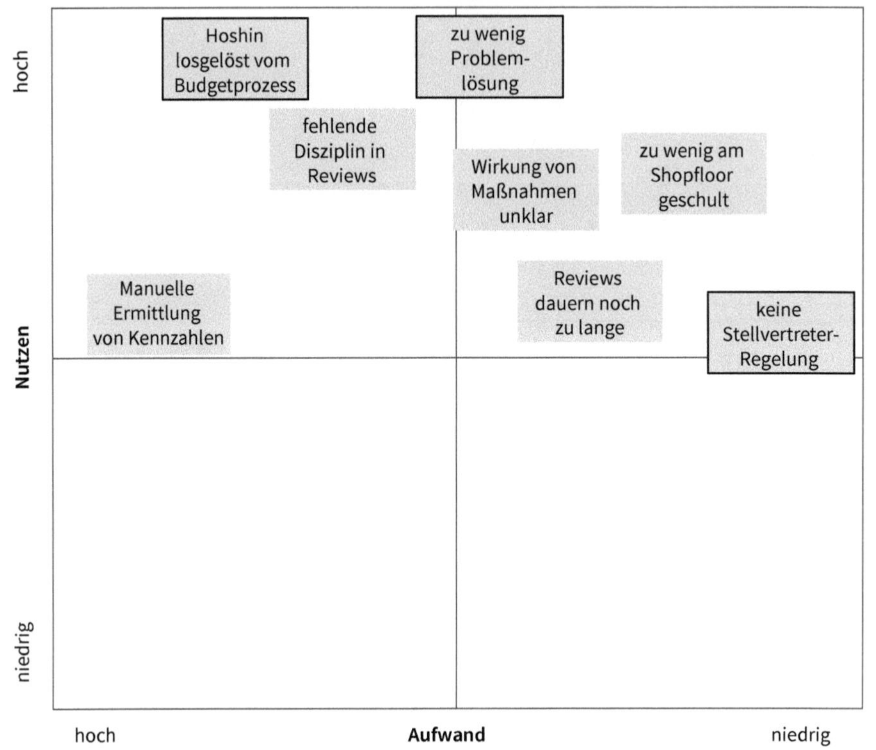

Abb. 8.3: Aufwand-Nutzen-Bewertung

Die Aufwand-Nutzen-Matrix ist in der Anwendung einfach erklärt und bringt die Teilnehmer schnell in Aktion. Die horizontale Achse sagt aus, ob das Team die Umsetzung des Themas mit hohem oder eher niedrigem Aufwand einschätzt.

Die vertikale Achse zeigt an, ob der daraus erwartete Nutzen eher mit niedrig oder hoch bewertet wird. Damit erhalten Sie ein Bild, wo Sie Quick-Wins haben, also hohen Nutzen und geringen Aufwand (in der oberen rechten Ecke) oder hohen Nutzen und hohen Aufwand (im linken oberen Quadranten) oder wo Sie generell einen niedrigen Nutzen haben (unterer Teil der Matrix).

In unserem Beispiel sehen wir, dass sich alle Kärtchen im oberen Teil der Matrix bewegen und damit mit einem hohen Nutzen eingeschätzt wurden. Wir sehen vier Quick-Wins und drei Themen, die *auch* einen hohen Nutzen haben, aber mit höherem Aufwand eingeschätzt wurden, was die Umsetzung angeht.

Auch hier gilt wiederum unser Motto: Fokus! Wir werden sicherlich nicht alle Themen im nächsten Jahr umsetzen können. Vielmehr geht es darum, sich auf die wesentlichen Themen zu verständigen, für diese Maßnahmen festzulegen und diese konsequent zu verfolgen. Die Auswahl der Top-3-Themen ist eine gute Faustformel.

In unserem Beispiel einigte sich das Team auf drei Themen: Die nicht definierte die Stellvertreterregelung bei der Durchführung von Hoshin-Reviews, das Vorhandensein von zu wenig Problemlösungsfähigkeiten und die Trennung zwischen dem Hoshin-Kanri-Prozess und dem Budgetprozess.

In einem nächsten Schritt wurden für diese drei Verbesserungsthemen konkrete To-do's, Verantwortlichkeiten und Termine festgelegt (s. Tab. 8.1). Für die nicht definierte Stellvertreterregelung wurde festgehalten, dass jede Führungskraft einen Stellvertreter für die Reviews definiert und diese an den Hoshin Master meldet. Das sollte bis zum 31. Oktober dieses Jahres umgesetzt sein.

Für das zweite Thema, die mangelnden Problemlösungsfähigkeiten, sollte der Hoshin Master in einem ersten Schritt bis 31. Januar eine Analyse von bisherigen typischen Abweichungen von Kennzahlenverläufen vornehmen und als Basis für das Problemlösungstraining Muster-Cases erstellen.

Für das dritte Thema, Hoshin Kanri und Budgetprozess, sollte in einem nächsten Schritt der Leiter Controlling bis zum 31. Oktober aufbereiten, wo es Schnittstellen zwischen beiden Prozessen gibt und wie eine konkrete Verbindung ausschauen könnte.

Nr.	Verbesserungsthema	Was	Wer	Bis wann
1.	keine Stellvertreter-Regelung	• Jede Führungskraft legt einen Stellvertreter für die Reviews fest • Meldung der Stellvertreter an den Hoshin Master	Jede Führungskraft	31.10.
2.	zu wenig Problemlösung	• Analyse der Kennzahlenverläufe mit Abweichungen • Erstellung Muster-Cases	Hoshin Master	31.1.
3.	Hoshin losgelöst vom Budgetprozess	• Schnittstellenklärung des Hoshin- und Budgetprozesses	Leiter Controlling	31.10.

Tab. 8.1: Festlegen von Verbesserungsmaßnahmen

Somit wurden für die Top-3-Themen konkrete Maßnahmen festgelegt, die im Laufe des nächsten Jahres zur Verbesserung des Hoshin-Kanri-Prozesses im Fokus standen.

Wie bereits erwähnt empfehle ich Ihnen diese Vorgehensweise insbesondere in den ersten drei Jahren der Hoshin-Kanri-Einführung, da hier erfahrungsgemäß noch viel an Verbesserungspotenzial gehoben werden muss. In den Folgejahren sollten Sie den Reifegrad Ihres Hoshin-Kanri-Prozesses regelmäßig bewerten und immer wieder auf den Prüfstand stellen. Dies zeige ich Ihnen im nächsten Abschnitt.

8.2 Reifegrad im Hoshin-Kanri-Prozess

Im letzten Abschnitt habe ich dargestellt, wie eine President's Diagnosis in den ersten Jahren durchgeführt werden kann. Um sich aber stetig auf ein höheres Umsetzungsniveau zuzubewegen, empfehle ich Ihnen, eine regelmäßige Reifegradbewertung Ihres Hoshin-Kanri-Prozesses vorzunehmen.

Hierfür habe ich ein Reifegradmodell entwickelt, das jedoch nicht nur den Hoshin-Kanri-Prozess selbst beurteilt, sondern bei dem außerdem die erzielten Ergebnisse bewertet werden.

Das Reifegradmodell sehen wir in Abbildung 8.4 dargestellt. In der Regel bereiten wir die Ergebnisse anschaulich in Form eines Spinnennetzdiagramms auf.

Die Bewertung ist in fünf Kategorien unterteilt:

1. Ergebnisse des Strategieprozesses
2. Die Anwendung von Hoshin-Kanri-Methoden
3. Das unternehmensweite Ziel-Alignment
4. Die Durchführung von Hoshin-Reviews
5. Erzielte Ergebnisse insgesamt

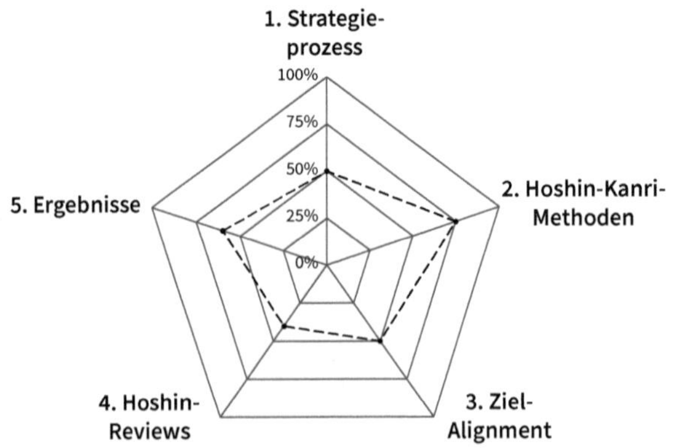

Abb. 8.4: Beispiel für den Reifegrad des Hoshin-Kanri-Prozesses

Auch hier empfehle ich, die Beurteilung in Team-Workshops durchzuführen. Einige Kunden von mir bewerten nicht nur den Reifegrad für das Gesamtunternehmen, sondern auch für einzelne Business Units oder Standorte. Auch das ist eine gängige Option.

Werfen wir einen Blick auf die erste Kategorie, die Beurteilung des Strategieprozesses. Folgende Fragen werden hier gestellt:

- Sind wir unserer Vision nähergekommen?
- Ist es uns gelungen, unsere Marktposition auszubauen?
- Waren wir in der Lage, unsere Alleinstellungsmerkmale zu verbessern?
- Haben wir unsere strategischen Richtungen wie geplant in Angriff genommen?

Bezüglich der zweiten Kategorie, den Hoshin-Kanri-Werkzeugen, werden Fragen beantwortet wie:

- Haben sich unsere definierten Durchbruchsziele und Jahresziele als richtig erwiesen?
- Waren die Verbesserungsprioritäten die Haupttreiber?
- Waren alle Personen, die für die Verbesserungsprioritäten verantwortlich waren, in der Lage, einen wesentlichen Beitrag zur Umsetzung zu leisten?
- Konnten die Erfolgsindikatoren für Managemententscheidungen herangezogen werden?
- Haben unsere Aktivitäten zu wirksamen Ergebnissen geführt?
- Wurden bei Abweichungen von Planwerten systematische Ursachenanalysen durchgeführt?

In der dritten Kategorie, dem Ziel-Alignment, werden Fragen gestellt, wie:

- Haben sich unsere Ursache-Wirkungs-Annahmen als richtig erwiesen?
- War es möglich, eine Durchgängigkeit der Ziele bis an den Shopfloor oder auf die Task-Ebene zu erreichen?
- Kennt jeder seinen Beitrag zu den Unternehmenszielen?
- Wurden Zielkonflikte aufgelöst?
- Identifizieren sich die Mitarbeitenden mit ihren Zielen?

Die vierte Kategorie, die Beurteilung der Hoshin-Reviews, enthält Fragen wie:

- Fanden die Reviews mindestens einmal im Monat statt?
- Hat sich der Reporting-Aufwand in Grenzen gehalten?
- Wurden die Reviews in einer strukturierten Art und Weise durchgeführt?
- Waren die Teilnehmenden gut vorbereitet?
- Wurden im Vorfeld Abweichungsanalysen durchgeführt?

In der fünften Kategorie werden abschließend die Ergebnisse beurteilt. Hier werden folgende Fragen gestellt:

- Haben wir unsere Ziele für das Jahr erreicht?
- Wurden die Aktionspläne konsequent umgesetzt?
- Wurden die Ergebnisse aufgrund unserer Aktivitäten erzielt?
- War Motivation für den Hoshin-Kanri-Prozess im Team sichtbar?

Bei der Reifegradbeurteilung ist nicht nur wichtig, die Bewertung vorzunehmen, sondern auch, dass Verbesserungspotenziale zu den Aspekten des Reifegradmodells gesammelt werden.

Ist das Topmanagement insbesondere bei Vor-Ort-Besuchen anwesend, empfehle ich zusätzlich einen einfachen strukturierten Fragenkatalog zu verwenden, der Potenziale in Hinblick auf die zukünftige Verbesserung des Hoshin-Kanri-Prozesses aufdecken soll.

Beispielhafte Fragen hieraus sind:

- Welche Herausforderungen im Hoshin-Kanri-Prozess sehen Sie für die nahe Zukunft?
- Wo sehen Sie das größte Erfolgspotenzial bei Hoshin Kanri?
- Was könnte uns hindern, unsere Durchbruchsziele zu erreichen?
- Was brauchen Sie, um die Umsetzung von Hoshin Kanri zu verbessern?

Aus den gesammelten Ergebnissen der Vor-Ort-Besuche identifiziert das Management die Hauptthemen. Sie kommunizieren dann umfassend die Themen, die im nächsten Hoshin-Zyklus verbessert werden sollen, und bestimmen konkret, wer für die Umsetzung der definierten Aktionen verantwortlich ist.

Zusammenfassung und Ausblick

In diesem Kapitel haben wir uns verschiedene Werkzeuge angeschaut, wie Sie den Hoshin-Kanri-Prozess kontinuierlich über die nächsten Jahre verbessern können. Damit haben wir den gesamten Hoshin-Kanri-Prozess mit den acht Schritten behandelt.
Im nächsten Kapitel beschäftigen wir uns damit, wie sich eine Projektorganisation konkret gestaltet.

9 Einführung von Hoshin Kanri

Wenn Sie Hoshin Kanri in Ihrem Unternehmen einführen wollen, stellt sich natürlich die Frage: Wie fangen wir an? Grundsätzlich gibt es nicht die einzige richtige Vorgehensweise zur Einführung.

In den letzten 20 Jahren habe ich mehrere unterschiedliche Implementierungsstrategien kennengelernt und alle auch selbst in der Praxis angewandt. Wir werden uns die wichtigsten Einführungsstrategien mit ihren Vor- und Nachteilen im Detail anschauen.

Außerdem müssen wir uns auch Gedanken darüber machen, wie wir Hoshin Kanri zum Laufen bringen. Ein wesentlicher Bestandteil ist, dass wir interne Expertise aufbauen müssen, um den Prozess nachhaltig umzusetzen. Dies sollte über intern ausgebildete Hoshin Kanri Master erfolgen. Deswegen behandeln wir in diesem Zusammenhang, welche Aufgaben internen Hoshin Kanri Master haben.

Wenn sich ein Unternehmen entscheidet, Hoshin Kanri einzuführen, sollte es eine klare Vorstellung haben, welche Implementierungsstrategie es wählt, mit welchen Personengruppen die einzelnen Prozessschritte umzusetzen sind und wie die Umsetzung ablaufen soll.

9.1 Umsetzungsstrategien

In dieser Lektion gebe ich Ihnen einen Überblick über die fünf gängigsten Umsetzungsstrategien mit ihren Vor- und Nachteilen.

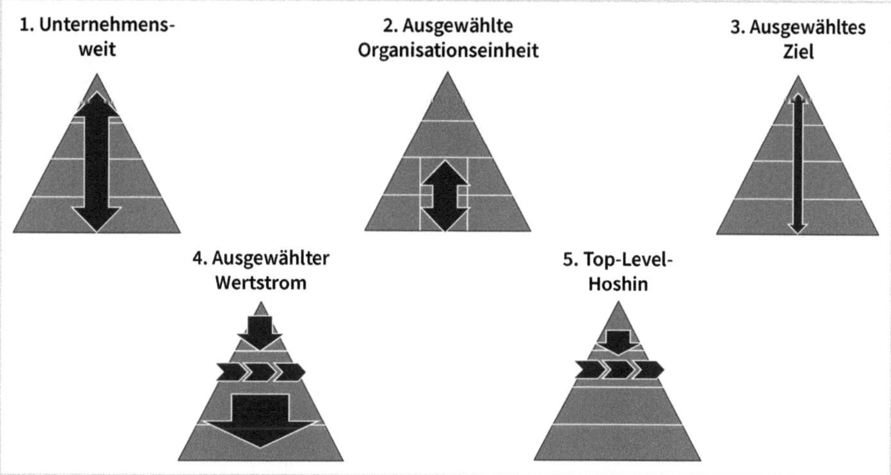

Abb. 9.1: Implementierungsstrategien für Hoshin Kanri

1. Unternehmensweite Einführung
Der ideale Ansatz ist eine unternehmensweite Hoshin-Kanri-Einführung mit dem großen Vorteil, dass alle Mitarbeitenden im Unternehmen miteinbezogen werden. Außerdem findet bei dieser Implementierungsstrategie eine optimale Ausschöpfung der cross-funktionalen Abstimmung und somit eine optimale Bearbeitung von Zielkonflikten statt.

Und um Ihnen ein Gefühl für die Machbarkeit zu geben: Bei einer Größenordnung von ca. 1.000 Mitarbeitenden ist eine unternehmensweite Einführung im ersten Jahr bereits ohne Probleme möglich. Bei einer guten Projektplanung und Projektorganisation haben Sie bei der eben genannten Größenordnung in drei Monaten den Zielplanungsprozess durchlaufen. Das heißt, wenn Sie Geschäftsjahreswechsel zum Januar haben, müssen Sie spätestens Anfang Oktober anfangen. Dennoch erfordert es das Commitment vom gesamten Management und das kann durchaus Jahre dauern.

2. Einführung in einer ausgewählten Organisationseinheit
In einer solchen Situation empfehle ich Ihnen, mit einem Pilotprojekt zu beginnen, denn dies erfordert meist keine so große Entscheidungsfindung. Am besten wählen Sie hierfür einen einigermaßen abgegrenzten Bereich aus, wie z. B. eine Geschäftseinheit oder einen Standort. Durch den Start mit einem Piloten erreichen Sie relativ schnell die ersten Ergebnisse. Dieser Ansatz ist natürlich nicht ideal, weil man das horizontale Alignment und die Einbindung aller nicht voll ausschöpfen kann. Nichtsdestotrotz hat sich gezeigt, dass sich bei erfolgreichen Piloten die Ergebnisse schnell im gesamten Unternehmen herumsprechen und dann automatisch Piloten in anderen Einheiten gestartet werden.

> BEISPIEL PILOTPROJEKT
>
> Bei einem Kunden von mir, einem weltweit tätigen Baumaschinenhersteller, starteten wir vor sieben Jahren den Hoshin-Kanri-Prozess in einem Werk.
> Bereits schon im ersten Jahr der Einführung war es tatsächlich so, dass sich in den anderen Standorten und Werken herumsprach, wie sich das Werk mit Hoshin Kanri einheitlich ausgerichtet hatte und wie sie den unterjährigen Umsetzungsprozess lebten. Noch in diesem Jahr startete das nächste Werk, weitere Standorte folgten, bis alle Einheiten Hoshin Kanri eingeführt hatten. Natürlich haben wir den gesamten Prozess methodisch begleitet, sodass wir einen einheitlichen Standard von Hoshin Kanri sicherstellten. Bis dato hatte sich der Vorstand nicht intensiv eingebracht. Doch eines Tages kam die Frage im Gesamtvorstand auf: Brauchen wir nicht auch eine Top-Level-X-Matrix für den Konzern? Schließlich beantworteten sie die Frage mit einem klaren Ja und damit war der Startschuss für die unternehmensweite Ausrichtung gegeben. Heute ist der gesamte Konzern an Hoshin Kanri ausgerichtet und hat einen gesamtheitlichen Hoshin-Kanri-Prozess etabliert.

Dieses Beispiel zeigt, dass die Einführung über ein Pilotprojekt insgesamt länger dauern kann, aber es ist definitiv besser, als nie zu starten.

3. Einführung mit ausgewähltem Ziel

Sie können auch mit einem ausgewählten Ziel beginnen. Toyota ging genauso vor, als das Unternehmen mit Hoshin Kanri begann. Der Schwerpunkt lag damals rein auf dem Thema »Qualitätsverbesserung«. Möglicherweise benötigt Ihr Unternehmen auch eine signifikante Verbesserung der Qualität oder beispielsweise der Effizienz oder der Produktivität.

Ein Vorteil dieses Vorgehens ist es, dass wir auf der einen Seite einen schnelleren Einführungsprozess als bei der gesamtheitlichen Einführung haben, andererseits aber trotzdem auf oberster Ebene starten. Dennoch braucht es auch hier das Commitment des Topmanagements, was sich aber erfahrungsgemäß durch die Fokussierung auf ein einziges Durchbruchsziel schneller erreichen lässt. Nachteil ist, dass bei diesem Ansatz nicht alle Mitarbeitenden miteinbezogen werden und somit insbesondere die horizontale Zielabstimmung nicht optimal ausgeschöpft werden kann.

4. Einführung über einen ausgewählten Wertstrom

Insbesondere im Zusammenhang mit der Verbesserung des End-to-End-Prozesses – also vom Kunden zum Kunden – kann Hoshin Kanri auch auf den Wertstrom einer bestimmten Produktfamilie angewandt werden. Insbesondere für prozessual organisierte Unternehmen ist dieser Ansatz häufig die erste Wahl. Der Schwerpunkt liegt hier insbesondere auf der Ausrichtung der funktionsübergreifenden Prozesse mit dem großen Vorteil, dass sich bereits im ersten Jahr sehr gute Ergebnisse hinsichtlich Effizienzsteigerungen erzielen lassen. Insbesondere bei größeren Unternehmen liegt der Nachteil darin, dass die Einführung nicht auf oberster Ebene erfolgt und auch nicht alle Mitarbeitende einbezogen werden.

5. Einführung als Top-Level-Hoshin

Fall fünf sollte nicht unterschätzt werden: die Einführung von Hoshin Kanri zunächst im Topmanagement mit schrittweisem Einbeziehen weiterer Hierarchieebenen pro Jahr. Unternehmen wählen diese Option, wenn das Topmanagement-Team zunächst den Prozess selbst verinnerlichen und vorleben möchte. Man kann es wie eine Lernreise für das Topmanagement sehen, um Erfahrungen mit Hoshin Kanri und den damit verbundenen Werkzeugen zu sammeln. Der Vorteil ist, dass man sich bei diesem Ansatz am intensivsten mit Zielkonflikten auseinandersetzt. Voraussetzung bei diesem Ansatz ist wie im ersten Fall das Commitment des gesamten Topmanagements. Und das kann dauern.

Ein Nachteil ist auch, dass sich gerade bei größeren Unternehmen die Einführung über mehrere Jahre hinziehen kann. Damit besteht natürlich das große Risiko einher, dass Hoshin Kanri mit der Zeit abstumpft, da die operativen Ebenen zu spät erreicht werden.

Fazit

Wenn Sie Hoshin Kanri einführen möchten, empfehle ich Ihnen sich intensiv mit den verschiedenen Einführungsstrategien auseinanderzusetzen. Investieren Sie am Anfang hier lieber mehr Zeit und setzen Sie sich im Management ausführlich mit den jeweiligen Vor- und Nachteilen und den Folgen auseinander. Sorgen Sie auch rechtzeitig dafür, dass Sie intern ausreichende Expertise aufbauen, um den Prozess nachhaltig umzusetzen.

Daher schauen wir uns in der nächsten Abschnitten an, welche Rollen und Aufgaben mit der Einführung von Hoshin Kanri verbunden sind.

9.2 Rollen und Aufgaben

Wie viele Personen sollten bei der Umsetzung der Hoshin-Ziele eingebunden werden? Wie sollen sie für ihre neuen Rollen trainiert werden? Was sind die Verantwortlichkeiten? In vielen organisatorischen Veränderungen werden sog. Change Agents positioniert, die den Wandel vorantreiben. Idealerweise sollte man sie nicht benötigen, da jede Führungskraft die Rolle eines Change Agents wahrnehmen sollte. Dennoch ist es empfehlenswert, sog. Hoshin Kanri Master ausbilden zu lassen. Ein Hoshin Kanri Master nimmt vier verschiedene Rollen mit den jeweils verbundenen Aufgaben im Rahmen der Begleitung ein:

- **1. Experte:** Hoshin Kanri Master verfügen über das erforderliche Methodenwissen und beherrschen die Anwendung der Werkzeuge und Tools. Sie halten sich kontinuierlich auf dem Laufenden. Ebenso trainieren und befähigen sie und geben ihr Wissen weiter.
- **2. Coach/Facilitator:** Im Planungs- und Umsetzungsprozess unterstützen sie die Kollegen und Teams. Insbesondere im unterjährigen Umsetzungsprozess agieren Hoshin Kanri Master als »2nd Coach« im Rahmen der Reviews.
- **3. Change Agent:** Die Aufgabe des Hoshin Kanri Masters ist es auch, dafür Sorge zu tragen, dass der Veränderungsprozess so gut wie möglich abläuft. Sie achten außerdem auf die Mitnahme aller Kollegen und identifizieren mögliche Widerstände.
- **4. Prozesswächter:** Hoshin Kanri Master sind ebenso für die Einhaltung der definierten Regeln und Standards im Planungs- und Umsetzungsprozess verantwortlich. Bei Abweichungen reflektieren sie die Gründe und erarbeiten Lösungsansätze.

Tabelle 9.1 zeigt die Rollenverteilung bei der Umsetzung von Hoshin Kanri.

Rolle	Verantwortung	Vorbereitung	Besetzung
Topmanagement	• Initiierung und Steuerung der Hoshin-Kanri-Umsetzung • Bestimmung der strategischen Ausrichtung • Vermittlung der strategischen Ausrichtung im gesamten Unternehmen • Vorleben des Führungskräfteentwicklungsmodells und des PDCA-Zyklus • Vorantreiben von Lean-Leadership • Durchführung von Gemba	• Qualifizierung in Lean-Management-Prinzipien und in der Hoshin-Kanri-Philosophie • Entwicklung von Lean-Denken und Lean-Leadership	Gesamtes Topmanagement

Rolle	Verantwortung	Vorbereitung	Besetzung
Führungskräfte	• Führungskräfte sind oberes, mittleres und unteres Management und für bestimmte Geschäftsprozesse verantwortlich • Obere Führungsebene ist bei der Erarbeitung der strategischen Vorgaben intensiv eingebunden • Stellen sicher, dass Standardisierung eingeführt und eingehalten wird und dass auf Basis des PDCA-Zyklus die kontinuierliche Prozessverbesserung Verschwendung eliminiert und Variabilität reduziert wird • Agieren auf Basis des Führungskräfteentwicklungsmodells (sich selbst entwickeln, andere coachen, täglich Kaizen umsetzen und Hoshin Kanri einführen) • Durchführung von Gemba	• Qualifizierung in der Umsetzung von Lean Management und des Hoshin-Kanri-Prozesses • Erfolgreiches Durchlaufen des Führungkräfteentwicklungsmodells • Entwicklung von Lean-Denken und Lean-Leadership • Lernen von Methoden, die für die Verbesserung von Prozessen notwendig sind	Gesamtes oberes, mittleres und unteres Management
Mitarbeitende	• Verantworten bestimmte Tätigkeiten und Aufgaben • Stellen sicher, dass standardisierte Arbeit durchgeführt wird und Fehler, Irrtümer oder Unregelmäßigkeiten in den Betriebsmitteln entdeckt werden • Sind dafür verantwortlich, dass diese Fehler sofort korrigiert werden oder die Führungskraft aufgefordert wird, das Problem zu lösen	• Projektmanager sollten in den Methoden, die für die Verbesserung von bestimmten Prozessen notwendig sind, trainiert und zertifiziert werden	Alle Mitarbeitende, die an der Umsetzung beteiligt sind
Lean-Koordinator	• Erstellt und monitort die Hohin-Kanri-Projektplanung • Berichtet an das Topmanagement • Verantwortlich für die Umsetzung aller Verbesserungsinitiativen • Leitet und koordiniert das Lean-Team	• Qualifiziert als Coach, Mentor oder Sensei • Alternativ trainiert und zertifiziert in allen relevanten Lean-Methoden und Lean-Werkzeugen	Jeweils ein Lean-Koordinator pro Business Unit oder pro Wertstrom
Hoshin Kanri Master	• Schult, qualifiziert und berät Führungskräfte • Mitarbeitende sind karrierebewusste, flexible Persönlichkeiten • Haben die Grundvoraussetzungen für die Beförderung in oberes Management	• Sollten von einem externen Sensei trainiert und zertifiziert werden	Ein oder zwei Hoshin Kanri Master pro Business Unit oder pro Wertstrom

Tab. 9.1: Rollen und Aufgaben bei der Einführung von Hoshin Kanri

Nachdem wir uns in diesem Abschnitt mit den verschiedenen Rollen und Aufgaben beschäftigt haben, möchte ich im nächsten speziell auf die Rolle des Hoshin Kanri Masters eingehen. Dieser ist im Rahmen von Hoshin Kanri eine entscheidende Einflussgröße.

9.3 Unverzichtbar: der Hoshin Kanri Master

Was Sie in jedem Fall benötigen, wenn Sie den Prozess starten, ist jemanden, der den Prozess intern vorantreibt und der im Laufe der Zeit dazu befähigt wird, Hoshin Kanri weiterzubegleiten. Diese Person wird als Hoshin Kanri Master bezeichnet. Damit sind verschiedene Rollen verbunden (s. Abb. 9.2).

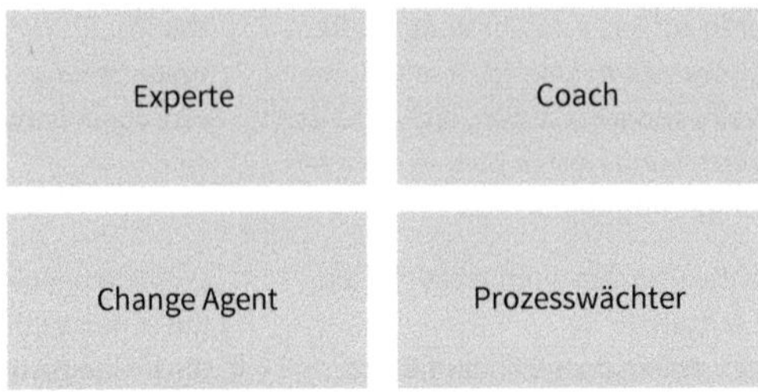

Abb. 9.2: Rollen des Hoshin Kanri Masters

Zum einen sind Hoshin Kanri Master *Methoden-Experten*. Sie müssen über das erforderliche Methodenwissen verfügen und die Anwendung der Werkzeuge und Tools beherrschen, damit sie die Zielplanungsworkshops souverän moderieren können.

Dabei trainierten und befähigen sie die Führungskräfte in den Folgejahren, indem sie ihr Wissen weitergeben. Außerdem halten sie sich selbst kontinuierlich auf dem methodischen State of the Art. Wichtig dabei ist, dass sie nicht den Job der Führungskräfte und Mitarbeitenden machen, sondern dass sie vielmehr darauf achten, dass insbesondere Abgabe- und Review-Termine eingehalten werden und in diesem Zusammenhang die Führungskräfte ein Stück weit zur Disziplin erziehen.

In Bayern würde man sie den »Wadlbeißer« nennen. Ein Wadlbeißer ist der kleine Hund, der einem hinterherläuft, an den Fersen klebt und auch mal schnappt, wenn man nicht weitergeht. Mitarbeitende mit sehr guten Projektmanagement-Kenntnissen eigenen sich aus meiner Erfahrung sehr gut für die Rolle des Hoshin Kanri Masters.

In der Rolle als *Coach* begleiten die Hoshin Kanri Master in den Folgejahren den Planungs- und Umsetzungsprozess und coachen Kollegen und Teams. Insbesondere im unterjährigen Umsetzungsprozess agieren sie als Coach im Rahmen der Reviews. Das bedeutet, dass sie immer wieder an ausgewählten Reviews teilnehmen und im Anschluss den Teams und den Führungskräften Feedback geben. Zum Beispiel dazu, was gut lief und wo sie noch Verbesserungspotenzial sehen. Damit unterstützen Hoshin Kanri Master die persönliche Weiterentwicklung von Mitarbeitenden und Führungskräften. Eine Coaching-Ausbildung ist hier natürlich von Vorteil.

Gleichzeitig sind Hoshin Kanri Master auch *Change Agents*, denn sie müssen dafür sorgen, dass der Veränderungsprozess so gut wie möglich abläuft. Dabei achten sie darauf, dass möglichst alle Kollegen mitgenommen bzw. dass Widerstände identifiziert werden.

In der Rolle als *Prozesswächter* sind sie für die Einhaltung der definierten Regeln und Standards im Planungs- und Umsetzungsprozess verantwortlich. Bei Abweichungen oder Widerständen reflektieren sie die Gründe und erarbeiten Lösungsansätze.

Wie Sie sehen können, sind die Aufgaben des Hoshin Kanri Masters sehr vielfältig und verlangen viel Erfahrung in unterschiedlichsten Disziplinen, angefangen von Projektmanagement-Fähigkeiten über Methodenexpertise, Coaching- und Change-Kenntnissen.

Ich habe einige Unternehmen erlebt, bei denen sich in den letzten Jahren ausgezeichnete Hoshin Kanri Master entwickelt haben. Seien Sie sich aber bewusst, dass Sie in der Anfangsphase auf externe Begleitung nicht verzichten können. Zum einen erfordern die Zieleworkshops ein hohes Maß an Hoshin-Kanri-Erfahrung, und zum anderen ist es häufig gerade im ersten Jahr ein Unterschied, ob die Workshops von Extern oder von Internen geleitet werden.[8]

Neben Notwendigkeit, einen Hoshin Kanri Master für den Einführungsprozess zu benennen, ist es vor allem wichtig, dass Sie einen sauberen Planungsprozess aufsetzen. Diesen behandeln wir im nächsten Abschnitt.

9.4 Der Planungsprozess

Ist die Entscheidung für die Einführung von Hoshin Kanri gefallen, sollte der Prozess frühzeitig geplant werden. Am besten richtet man sich nach dem Geschäftsjahreswechsel, da dies ein guter Zeitpunkt ist, mit der unterjährigen Hoshin-Kanri-Umsetzung (Do-Phase) zu starten. Ausgehend davon muss in Abhängigkeit der Unternehmensgröße und den Unternehmensebenen der Zielableitungsprozess geplant werden.

8 Bei Interesse an der Zertifizierung zum Hoshin Kanri Master siehe www.kudernatsch.com

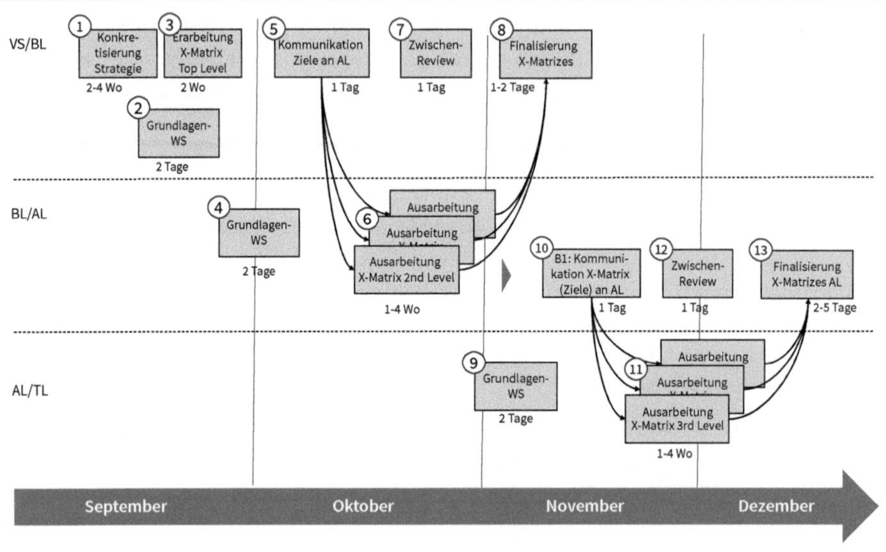

Abb. 9.3: Planungsprozess

Abbildung 9.3 zeigt eine beispielhafte Ablaufplanung über vier Hierarchieebenen bei einem Geschäftsjahreswechsel zum Januar. Spätestens im September sollte der Strategieentwicklungsprozess beendet sein (1). Anschließend werden die ersten beiden Führungsebenen in einem zweitägigen Workshop in den Grundlagen zu Hoshin Kanri geschult (2). Daran schließt sich die Erarbeitung der X-Matrix durch die Geschäftsführung und die nächste Ebene an (3). Erfahrungsgemäß dauert dieser Prozess ca. zwei Wochen, da neben der X-Matrix auch das Bowling Chart mit den Planwerten erstellt werden muss. Parallel dazu kann bereits die nächste Ebene den Grundlagen-Workshop durchlaufen (4). Anschließend wird die X-Matrix auf Top Level inkl. Bowling Chart der dritten Ebene top-down im Catchball-Prozess vorgestellt (5).

Danach kann die nächste Ebene (in unserem Beispiel die Bereichsleiter mit den Abteilungsleitern) die X-Matrizes 2nd Level erarbeiten (6) und auf ihrer Ebene horizontal abstimmen bzw. notwendige Personen zu den Workshops einladen. In Abhängigkeit von der Anzahl der zu erarbeiteten X-Matrizes auf der zweiten Ebene dauert der Prozess zwei bis sechs Wochen. Bereits zwischendurch können Reviews mit der Geschäftsführung durchgeführt werden (7), um über den aktuellen Stand zu informieren oder gewonnene Erkenntnisse an die Geschäftsführung zurückzuspielen. Nach Fertigstellung der 2nd-Level-X-Matrizes findet dann das offizielle Catchball-Meeting bottom-up statt, in dem die zweite Ebene (hier Bereichsleiter) die Ergebnisse aus ihren Workshops mit ihren Abteilungsleitern der Geschäftsführung vorstellen (8). Die Erarbeitung der X-Matrizes auf der dritten Ebene verläuft ähnlich wie auf der zweiten Ebene (Schritte 9 bis 13).

Das Beispiel zeigt, dass bereits spätestens Mitte des dritten Quartals mit der *Plan-Phase* begonnen werden muss, wenn die Ziele über vier Führungsebenen kaskadiert werden sollen. Mit

Beginn des neuen Geschäftsjahres startet die Umsetzung der geplanten Ziele und Maßnahmen (*Do-Phase*), die während des Jahres kontinuierlich überprüft wird (*Check-Phase*). Mit der Zeit kann mit der *Act-Phase* begonnen werden, indem die Verbesserungen nachhaltig im Unternehmen verankert werden. Am Ende des Jahres, nachdem die President's Diagnosis erstellt wurde, kann die Überprüfung der Strategie erfolgen.

Zu beachten ist, dass die Projektvorbereitung und -planung eine gewisse Zeit in Anspruch nimmt.

Hierzu zählt, dass
- mit dem Topmanagement die Ziele bei der Einführung von Hoshin Kanri geklärt werden müssen,
- involvierte Personen und deren Rollen festgelegt werden,
- die Festlegung und Verabschiedung des Projektplanes erfolgt,
- das Kickoff-Meeting mit der zweiten Führungsebene vorbereitet wird,
- eine Abstimmung mit dem Betriebsrat erfolgt,
- ein Kommunikationsplan erarbeitet wird.

Wie bereits ausführlich erläutert, ist es absolut notwendig, dass die Führungskräfte und Mitarbeitenden zunächst Lean-Management verstanden haben und leben sowie in der Hoshin-Kanri-Philosophie geschult wurden. Insbesondere müssen ausreichend Führungsfähigkeiten vorhanden sein, damit die Führungskräfte in der Lage sind, Hoshin Kanri im Unternehmen erfolgreich umzusetzen. Für eine vollständige Etablierung von Hoshin Kanri im gesamten Unternehmen muss mit einer Dauer von fünf bis zehn Jahren gerechnet werden.

Zusammenfassung und Ausblick

In diesem Kapitel haben wir uns damit beschäftigt, wie Hoshin Kanri am besten in der Organisation eingeführt wird. Dabei haben wir uns mit verschiedenen Implementierungsstrategien auseinandergesetzt und ihre Vor- und Nachteile kennengelernt. Außerdem haben wir die verschiedenen Rollen und Aufgaben der Beteiligten kennengelernt, insbesondere diejenigen des Hoshin Kanri Masters. Des Weiteren haben wir behandelt, wie sich der Planungsprozess auf der Zeitschiene gestalten lässt.
Im nächsten Kapitel betrachten wir daher genauer, wie der Veränderungsprozesses gemanagt werden kann.

10 Managen des Veränderungsprozesses

Hoshin-Kanri-Einführungen bringen in vielen Unternehmen einen großen Change-Prozess mit sich. So sollen z. B. alle Mitarbeitende »ins Boot geholt« werden und den Veränderungsprozess mittragen. Führungskräfte sollen bei den Mitarbeitenden Widerstände auflösen und sie durch den komplexen Veränderungsprozess führen. Dabei zeigen Hoshin-Kanri-Einführungen häufig, dass schlechtes Change-Management teuer ist und häufig nicht effektiv erfolgt. Folglich wird die ganzheitliche und dauerhafte Einführung von Hoshin Kanri zu einer großen Herausforderung für viele Unternehmen.

10.1 Das Wheel of Change

Ein wertvolles Werkzeug, um Veränderungsprozesse greifbar zu machen ist das »Change-Rad« oder »Wheel of Change« der Firma Actee[9] (siehe Abb. 10.1). Ich setze es zu Beginn und während jedes Hoshin-Kanri-Projektes ein.

Das Wheel of Change macht Veränderungsprozesse greifbar, transparent und steuerbar. Dabei geht es darum, einen komplexen Change-Prozess in einer Organisation zu implementieren und in verschiedenen Situationen Führungs- und Managementaufgaben zu bewältigen, um die beteiligten Personen durch den Change-Prozess zu führen.

Die Teilnehmer durchlaufen einen gesamten Change-Prozess von Anfang bis Ende, deren Phasen durch Boards (Floorboard mit 2,50 m Durchmesser oder Tischboard) visualisiert ist. Während sich das Floorboard eher für große Gruppe eignet, ist das Tischboard eher mit wenigen Teilnehmern oder im Coaching zu empfehlen. Die Aufgabe der Führung bzw. des Managements ist es, so schnell wie möglich die verschiedenen Beteiligten ins Boot zu bekommen. Die Anwendung des Wheel-of-Change kann außerdem auch computergestützt angewendet werden.

Auf dem Rad lassen sich verschiedene Changemanagement- und Führungstheorien abbilden, beispielweise »Beyond the Wall of Resistance« von Rick Maurer, Leading Change von John Kotter, »Leading at a higher Level« von Kenneth Blanchard, »Primal Leadership/Emotional Intelligence« von Daniel Goleman oder den Myers-Briggs Typenindikator (MBTI). Damit können gezielt diejenigen Aspekte im Change fokussiert werden, um die es gerade geht.

9 Siehe https://actee.com/

Abb. 10.1: Arbeit mit dem Wheel of Change

Das Wheel of Change ermöglicht es dabei auch, mehrere Modelle bzw. Theorien parallel zu betrachten. Zum Beispiel kann gezeigt werden, wo einzelne Betroffene in Bezug auf den Change stehen, das heißt, in welcher Phase und in welcher Form ihres Widerstands (Rick Maurer). Damit können die Betroffenen genau da abgeholt werden, wo sie im Prozess stehen. Gleichzeitig können auch Hinweise gegeben werden, was in welcher Phase aus Sicht der Führung des Change-Prozesses zu tun ist (John Kotter).

10.2 Hoshin-Change-Canvas

Um den Change-Prozess in der Umsetzung zu managen, habe ich das Hoshin-Change-Canvas entwickelt. Es soll die Change-Story möglichst kurz und prägnant beschreiben und auch bildlich darstellen.

Verwenden Sie bei der Erarbeitung Post-its, um viele Ideen zu sammeln und flexibel in der Zuordnung sein zu können.

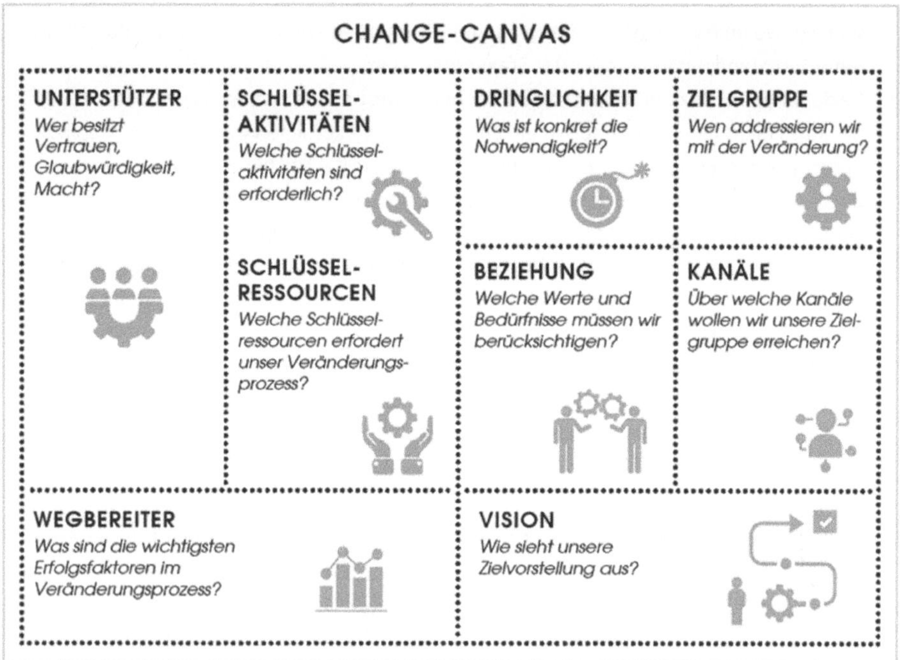

Abb. 10.2: Hoshin-Change-Canvas

Im Folgenden finden Sie eine genaue Beschreibung für jeden Schritt:

1. **Dringlichkeit:** Starten Sie zuerst mit der Beschreibung der Dringlichkeit: Warum müssen wir überhaupt Hoshin Kanri einführen? Erfahrungsgemäß ist das der schwierigste Part, denn dieser ist der Ausgangspunkt dafür, warum sich die Organisation überhaupt bewegen muss. Versuchen Sie die Beschreibung erlebbar und emotional darzustellen. Auch muss die Triebfeder nicht aus einer Krise kommen, auch Chancen können einen Veränderungsbedarf mit sich bringen. Wichtig ist, dass sich die Beteiligten in einer Organisation direkt betroffen und angesprochen fühlen und insbesondere einen Nutzen für sich selber sehen. So können das Vorhandensein von Zielkonflikten, Silodenken, Ressourcenengpässe oder Firefighting mögliche Beispiele sein.
2. **Vision:** Entwickeln Sie als Nächstes eine Vision. Hier geht es nicht um die Unternehmensvision, sondern darum, was Sie mit der Einführung von Hoshin Kanri generell erreichen wollen. Wichtig ist es hier herauszuarbeiten, was die Zukunft vom bisherigen Zustand unterscheidet. Dieses Zielbild sollte möglichst ansprechend und attraktiv für die Organisation sein. Auch hier bietet es sich an, die Vision bildhaft, emotional und für alle verständlich darzustellen. Beispielsweise kann die Darstellung einer Pyramide, wo alle Pfeile in eine Richtung zeigen, sehr einfach das Zielbild darstellen.
3. **Zielgruppe:** Generell betrifft ein Hoshin-Kanri-Prozess unterschiedliche Personengruppen, die unterschiedliche Aufgaben haben und sich in unterschiedlichen Stufen befinden. Wir wollen wissen, welche Gruppen wir adressieren, wer wie stark die Veränderungen treibt

und wer wo im Prozess steht. Beispielhafte Zielgruppen können Führungskräfte, Mitarbeitende, Vorstand, Shareholder oder Stakeholder sein.

4. **Beziehung:** Der Beziehungsaufbau im Veränderungsprozess ist von großer Bedeutung. Dabei muss nicht jede Zielgruppe in gleicher Weise angesprochen werden. Unterschiedliche Zielgruppen stehen in unterschiedlicher Art und Weise der Hoshin-Kanri-Einführung gegenüber und lösen differenziertes Verhalten aus. Deswegen ist es wichtig herauszufinden, wie wir mit den Zielgruppen umgehen und welche Werte und Bedürfnisse berücksichtigt werden müssen. Der Beziehungsaufbau kann beispielsweise dann erfolgen, wenn wir wissen, wer wo im Veränderungsprozess steht und ob der Beziehungsaufbau individuell oder temporär erfolgen muss.
5. **Kanäle:** Nachdem wir wissen, wen wir ansprechen müssen und wo die Zielgruppen im Prozess stehen, geht es nun darum, den richtigen Kanal zu wählen. Neben persönlichen Treffen, Teammeetings oder Workshops empfehlen wir die Retrospektive als einen wichtigen Kanal.

Bisher haben wir beschrieben, was wir »nach außen« hin (also Front stage) tun wollen. Nun schauen wir uns an, wie wir das intern steuern und managen wollen (Back stage).

1. **Unterstützer:** Zunächst ist es wichtig, sich zu überlegen, wer intern den Veränderungsprozess vorantreiben soll sowie wer ein hohes Maß an Glaubwürdigkeit, Vertrauen und Authentizität besitzt. Aus diesen Personen, die aus unterschiedlichen Teilen einer Organisation kommen können, wird die sogenannte Führungskoalition gebildet. Wichtig dabei ist es, dass es ein interdisziplinäres Team ist, hierarchieübergreifend zusammenstellt und dass auch Querdenker vertreten sind. Ich empfehle auch, die Change-Story mit der Führungskoalition zu erarbeiten.
2. **Schlüsselaktivitäten:** Nun geht es an die Begleitung des Veränderungsprozesses. Je nachdem, in welchem Veränderungsprozess Sie stehen, muss sich die Führungskoalition überlegen, was die wesentlichen Aktivitäten sind, um möglichst alle Beteilige mit im Boot zu haben. Dabei ist es wichtig, sich gezielt zu überlegen, welche Tätigkeiten am erfolgversprechendsten sind und wie wir auch die Erfolge sichtbar machen können. Ein Gespür für Handlungsnotwendigkeit, objektive Beurteilung sowie schnelle und messbare Umsetzung sind in diesem Punkt die wesentlichen Erfolgsfaktoren. Regelmäßige Hoshin-Kanri-Trainings sowie eine regelmäßige President's Diagnosis sind hier wichtige Handlungsfelder.
3. **Schlüsselressourcen:** Ein Change-Prozess bedeutet Aufwand, Zeit und Geld. Deswegen ist es unabdingbar, sich gezielt über den Einsatz von Schlüsselressourcen Gedanken zu machen. Hierzu zählt, welche Kompetenzen im Veränderungsprozess benötigt werden, wann sie eingesetzt werden und mit welchem finanziellen Aufwand gerechnet werden muss. Hoshin-Kanri-Einführungen kommen immer »on top«. Deswegen empfehle ich Ihnen bei diesem Punkt, sich Gedanken zu machen, wo Sie gezielt Handlungsfreiräume schaffen. Beispielsweise sind das bewusste Streichen von Projekten, Reportings oder Meetings oder das Auflösen bestimmter Strukturen Möglichkeiten, um sichtbaren Freiraum für die Beteiligten zu schaffen.

4. **Wegbereiter:** »Tun Sie Gutes und sprechen Sie darüber.« Dies ist ein wichtiger Grundsatz des Veränderungsprozesses schon vor der Hoshin-Kanri-Einführung. Deswegen sollten Sie sich überlegen, welches die wichtigsten Erfolgsfaktoren sind und wie Sie Widerstände aufzulösen versuchen. Ich empfehle Ihnen, bewusstes Lernen im Veränderungsprozess herbeizuführen. Reflektieren Sie in der Retrospektive Ihre Lernerfahrungen und leiten Sie bewusst Erfolgsfaktoren ab. Dies wird Ihnen helfen, effektive Maßnahmen zu definieren, die typische Themen wie Widerstände, mangelnde Disziplin oder Rückfall in alte Muster adressieren.

In Abbildung 10.2 sehen Sie eine Vorlage für das Hoshin-Change-Canvas. Damit können Sie mit Ihrer Führungskoalition die Change-Story entwerfen und Ihre Ideen zügig strukturieren und verfeinern.

In der Rückschau über alle bisherigen Hoshin-Kanri-Projekte, kann ich davon berichten, dass es immer Personengibt, die einfach nicht mitmachen wollen. Die 20-60-20-Regel trifft hier ganz gut. Sie können sich diese wie eine Normalverteilungskurve vorstellen. 20 % haben Sie sofort im Boot. Diese Mitarbeitende brauchen Sie nicht lange für Hoshin Kanri zu begeistern. Sie wissen, dass Hoshin Kanri notwendig sind, dass es dem Unternehmen hilft und dass sie selber auch davon profitieren. 60 % der Beteiligten sind nicht wirklich hoch erfreut. Sie sind auch nicht komplett dagegen. Aber sie stehen der Hoshin Kanri -Einführung erst einmal abwartend gegenüber. Sieht jedoch dieser Personenkreis, dass Hoshin Kanri sinnvoll ist, werden sie auch mitmachen. Die anderen 20 % sind komplett gegen die Einführung. Ihr Verhalten zeigt sich in Ablehnung, Resignation oder Boykottierung. Seien Sie sich bewusst, dass Sie diese Gruppe im Normalfall immer haben werden – je nach Unternehmen mehr oder weniger ausgeprägt. Diese Personen werden Sie nicht über den normalen Change-Prozess ins Boot holen. Die Gründe für ihr Verhalten sind unterschiedlich und meist nicht offensichtlich. Ihr Verhalten ist auf anderer Ebene begründet.

Gibt es Schlüsselpersonen, die Sie vor oder während des Hoshin Kanri -Einführungsprozesses in diese Gruppe einordnen oder haben wichtige Treiber des Hoshin Kanri -Prozesses tagtäglich mit Verweigerern zu tun, empfehle ich Ihnen, über unterstützendes, professionelles Coaching nachzudenken.

Zusammenfassung und Ausblick

In diesem Kapitel haben wir behandelt, wie sich der unternehmensweite Veränderungsprozess managen lässt. Dabei haben wir verschiedene Werkzeuge kennengelernt, wie Mitarbeitende »ins Boot geholt« werden können.
Im nächsten Kapitel beschäftigen wir uns mit den wesentlichen Einflussfaktoren in Bezug auf die Wahl der richtigen Implementierungsstrategie, der Anbindung an das variable Vergütungssystem sowie häufige Fehler bei Hoshin-Kanri-Einführungen.

11 Voraussetzungen und Nutzen

Die Geschäftsführung muss sich dem Einsatz von Hoshin Kanri als neue Art der Führung uneingeschränkt verpflichten. Es handelt sich hierbei nicht um eine Maßnahme, die delegiert werden kann und trotzdem Erfolgsaussichten verspricht. Wie zuvor erwähnt, wird jede einzelne Unternehmensebene eine wichtige Rolle spielen, wenn es darum geht, die detaillierten Pläne für ihre entsprechenden Aufgaben zu verstehen, herunterzubrechen, zu kaskadieren, zu entwickeln und zu verabschieden. Es muss eine Methode für die *Check-* und *Act-Phase* erarbeitet und umgesetzt werden, damit die *Do-Phase* der jährlichen Hoshin-Ziele den größtmöglichen Erfolg verspricht.

Daneben gibt es noch eine ganze Reihe weiterer entscheidender Einflussfaktoren. Diese laufen auf Fragestellungen hinaus, die Sie mit dem Topmanagement diskutieren und klären sollten, bevor Sie mit der Umsetzung beginnen. Einige haben wir bereits angesprochen, wie z.B. den Reifegrad der Organisation. Andere, etwa die Anbindung an das variable Vergütungssystem, werden wir hier aufgreifen.

In den vielen Jahren, mit denen ich mich nun mit Hoshin Kanri beschäftige, habe ich auch einiges in Unternehmen gesehen, das zum Scheitern führen kann. Deswegen möchte ich meine Erfahrungen mit Ihnen teilen und Ihnen häufige Fehler in der Einführung und Umsetzung von Hoshin Kanri bewusst machen.

Ebenso gebe ich Ihnen die wichtigsten Regeln an die Hand, die es zu beachten gilt, sowie eine ausführliche Nutzenargumentation.

All das wird Ihnen helfen, von Beginn an bestmöglich gerüstet zu sein, um Hoshin Kanri erfolgreich in Ihrem Unternehmen einzuführen.

11.1 Einflussfaktoren auf die Implementierungsstrategie

Meine Erfahrung hat gezeigt, dass die Berücksichtigung bestimmter Faktoren einen erheblichen Einfluss auf die Implementierungsstrategie hat. Diese empfehle ich Ihnen im Management zu diskutieren und erst dann eine Entscheidung hinsichtlich der Wahl der Einführung zu treffen.

Voraussetzung ist jedoch ein gutes Verständnis von Hoshin Kanri bei den Entscheidungsträgern. Deshalb empfehle ich als Vorbereitung die gründliche Einarbeitung in das Thema, die von mir verfassten Bücher und Video-Kurse zu Hoshin Kanri bieten dafür umfassende Hilfestellung.

Einflussfaktoren auf die Implementierungsstrategie

1. Ziele von Hoshin Kanri
2. Reifegrad der Organisation
3. Gültigkeit und Verwendbarkeit der strategischen Ausrichtung
4. Bestehende Managementsysteme (z. B. BSC, MbO, OKR)
5. Anbindung an das Shop-Floor-Management-System (SFM)
6. Ressourcen von Führungskräften, Mitarbeitenden und Hoshin Kanri Master
7. Externe Unterstützung
8. Anschluss an das variable Vergütungssystem
9. Gestaltung des Veränderungsprozesses

11.1.1 Wichtige Faktoren

Erarbeiten eines Zielbilds

Zunächst sollten Sie ein unternehmensweites gemeinsames Zielbild erarbeiten: Was ist das Ziel, welches Sie mit Hoshin Kanri verfolgen? Ohne ein Zielbild werden Sie weder im Management noch in der Organisation Klarheit schaffen können. Mit anderen Worten: Sie müssen sofort die Frage beantworten: »Warum wollen wir Hoshin Kanri überhaupt einführen?«, und dazu müssen Sie ein gemeinsames »Gefühl der Dringlichkeit«, auch »sense of urgency« genannt, schaffen.

Bei einem Kunden von mir war das Management sehr deutlich und formulierte die Dringlichkeit so: »Wenn wir es nicht schaffen, ein agiles Zielsystem in unserer Organisation zu verankern, wird es uns in fünf Jahren nicht mehr geben.« Das war ein klares Zielbild, welches jeden im Unternehmen emotional getroffen hat.

Der Reifegrad der Organisation

Kommen wir zum Reifegrad von Organisationen. Diesen hatten wir im Zusammenhang mit der Definition von Durchbruchszielen besprochen. Wir hatten diskutiert: Je instabiler das Tagesgeschäft ist, desto mehr werden auch Management und Führungskräfte in operative Aufgaben eingebunden sein. Je stabiler das Tagesgeschäft ist, desto mehr werden Management und Führungskräfte ihre Zeit für strategische Aufgaben verwenden können. Das spiegelt den Reifegrad einer Organisation wider.

In Abhängigkeit davon können Sie definieren, ob Sie Hoshin Kanri in den ersten Jahren dafür einsetzen wollen, Stabilität in das Tagesgeschäft zu bekommen. Dann sind die Durchbruchsziele darauf ausgerichtet. Oder Sie sind bereits in einer Situation, wo Sie mit wirklich bahnbrechenden Zielen arbeiten können.

BEISPIEL AUS DER PRAXIS

Eines meiner ersten Hoshin-Kanri-Projekte, welches ich begleitet habe, ist komplett gescheitert. Der neue Vorstand sprach Durchbruchsziele für die Organisation aus, die ein komplettes Umdenken in der Organisation erforderten und gleichzeitig um ein

Mehrfaches höher waren, als es das Budget ermöglichte. Was er jedoch nicht beachtet hatte, war dass die gesamte Organisation in einem so instabilen Tagesgeschäft war, dass sie schlicht und ergreifend gar nicht die Zeit hatten, sich um diese bahnbrechenden Ziele zu kümmern.

Meine Empfehlung: Beurteilen Sie den Reifegrad Ihrer Organisation. Wenn Sie hier weitere Informationen benötigen: Wir führen seit mehreren Jahren eine Reifegradbewertung für Unternehmen durch. Im Rahmen eines von uns entwickelten Online-Selbsttests können Sie Ihren Reifegrad einschätzen.[10]

Vorhandene strategische Ausrichtung

Ein weiterer wichtiger Einflussfaktor ist, inwieweit Sie auf der bereits definierten strategischen Ausrichtung aufbauen können. Hierfür müssen Sie prüfen: Ist die Strategie noch gültig und aktuell, und können Sie diese für den weiteren Hoshin-Kanri-Prozess verwenden?

Wie bereits erwähnt, gibt es in nahezu allen Unternehmen Unterlagen zur Strategie. Diese sind jedoch in den meisten Fällen nicht kurz und knackig formuliert, geschweige denn inhaltlich im Sinne von Alleinstellungsmerkmalen auf den Punkt gebracht. Investieren Sie nicht zu viel Zeit in die Erarbeitung der Strategie. Aber ein gut vorbereiteter Strategieworkshop von zwei Tagen kann bereits eine gute Ausgangsbasis für den nachfolgenden Zielplanungsprozess bringen.

Vorhandene Managementsysteme

Des Weiteren sollten Sie sich anschauen: Welche Managementsysteme gibt es bereits in Ihrem Unternehmen und wo sind diese beheimatet? Zum Beispiel arbeitet das Controlling gerne mit der Balanced Scorecard, HR mit MbO und die IT mit OKR. Schaffen Sie hier Transparenz und überlegen Sie sich auch, wie Sie das »Kind« nennen wollen.

Ein Kunde von mir hatte bereits mehrere Jahre mit der Balanced Scorecard gearbeitet und wollte eine grundlegende Überarbeitung mit Hoshin Kanri. Obwohl das Unternehmen jetzt mit Hoshin Kanri arbeitet, behielten sie den Namen Balanced Scorecard bei.

Auch müssen Sie bedenken, dass nicht in jeder Unternehmenskultur ein japanischer Begriff gut ankommt oder verständlich genug auf jeder Hierarchieebene ist. Wichtig ist: Es geht nicht um den Namen, sondern vielmehr darum, wie gut Sie es schaffen, die Philosophie dahinter einzuführen.

10 Wenn Sie Interesse haben, senden Sie uns eine kurze E-Mail an: info@kudernatsch.com und wir schicken Ihnen den Link dazu.

Das Shopfloor-Management

Speziell möchte ich an dieser Stelle auch noch einmal das Shopfloor-Management (SFM) hervorheben. Viele meiner Kunden sind im industriellen Umfeld tätig. Meist gibt es hier bereits ein Shopfloor-Management-System, bei dem bereits eine Regelkommunikation auch auf verschiedenen Hierarchieebenen stattfindet, meist sogar täglich. Wenn Sie Hoshin Kanri ganzheitlich einführen, werden Sie hier zwangsläufig eine Schnittstelle bekommen.

Auch hier empfehle ich Ihnen anzuschauen, wie mit SFM gearbeitet wird. Meist ist das SFM sehr operativ und behandelt lediglich die Besprechung in Bezug auf die am Vortag erreichte Produktivität, Qualität und Sicherheit. In anderen Fällen ist SFM schon stärker an Produktionszielen ausgerichtet. Deswegen ist es wichtig zu verstehen, was die konkrete Zielsetzung des SFM ist, um es bestmöglich mit Hoshin Kanri zu verbinden.

Ressourcen der Beteiligten

Ein weiterer wichtiger Punkt sind die notwendigen Ressourcen aller Beteiligten. Dafür ist es zunächst wichtig, dass Sie den kompletten Einführungsprozess mit den entsprechenden Workshops und Teilnehmenden sowie die unterjährigen Reviews im Laufe des Jahres terminieren.

Sie müssen wissen, dass die Einführung von Hoshin Kanri von der Organisation als »on top«, also zusätzlich zum Tagesgeschäft, empfunden wird. Sehr häufig kommt der Vorwand, dass Führungskräfte und Mitarbeitende keine Zeit dafür haben. Eine wichtige Grundvoraussetzung für eine gute Einführung ist, dass Sie eine detaillierte Projektplanung vornehmen, damit alle rechtzeitig wissen, wann sie mit welchem Aufwand in den Prozess eingebunden sind.

Dies gilt für Führungskräfte, Mitarbeitende und die Hoshin Kanri Master. Wenn Sie den Prozess das erste Mal starten, sollten Sie sich daher nach externer Unterstützung umschauen. Viele Unternehmen meinen, auf externe Begleitung verzichten zu können und starten den Prozess ohne große Hoshin-Kanri-Erfahrung. Begehen Sie diesen Fehler nicht.

Wenn diese Versuche scheitern, kommen die Unternehmen auf mich zu, um gemeinsam mit den Teams einen klaren Fokus, die richtigen Inhalte, Ordnung und einen Standard in die erarbeiteten Ergebnisse zu bringen. Das bedeutet am Ende oft doppelte Arbeit, und in vielen Fällen ist es dann schon fast zu spät, da bereits viel verbrannte Erde hinterlassen wurde.

Stellen Sie bei der Auswahl der externen Begleitung sicher, dass der Fokus auf der Befähigung von Führungskräften und dem Hoshin Kanri Master liegt.

11.1.2 Anbindung an das Vergütungssystem

Die Anbindung von Hoshin Kanri an das variable Vergütungssystem ist ein viel diskutiertes und zwiespältiges Thema im Rahmen von Hoshin-Kanri-Einführungen.

In der Praxis gibt es hierfür unterschiedliche Fälle:

Fall 1: Hoshin Kanri ist nicht mit der variablen Vergütung verknüpft
Das bedeutet, dass im Unternehmen bereits ein variables Systemsystem existiert, welches auch nicht abgeschafft werden soll. Parallel dazu möchte man aber durch Hoshin Kanri erreichen, dass die Organisation die Frage nach dem Sinn und Zweck in den Vordergrund stellt. Mitarbeiter sollen durch Hoshin Kanri animiert werden, sich Ziele zu setzen, an denen sie intrinsisch motiviert arbeiten. Aus diesem Grund wird Hoshin Kanri eingeführt.

Die Folge ist, wir haben es mit zwei Zielsystemen zu tun. Vorteil ist, dass sich Führungskräfte und Mitarbeiter bei Hoshin Kanri eher ambitioniertere Ziele setzen werden, da eine Nicht-Erreichung keine monetären Auswirkungen hat. Dadurch erreicht man es sicherlich besser, eine Organisation aus ihrer Wohlfühl- oder Komfortzone herauszuholen.

Nachteil ist jedoch, dass die Bemühungen, Ziele zu erreichen, dann eher auf diejenigen Ziele ausgerichtet sind, mit denen der variable Gehaltsbestandteil verknüpft ist. Das Ganze ist also eine verzwickte Situation und kann zu viel Verwirrung und Diskussion führen.

Fall 2: Hoshin Kanri ist mit dem variablen Vergütungssystem verknüpft
Im Rahmen von Hoshin Kanri hören Sie immer wieder, dass dies auf gar keinen Fall gemacht werden darf und auch nicht Sinn und Zweck von Hoshin Kanri ist. Ja, das mag sein. Ich habe jedoch auch ein paar Kunden, bei denen dies durchaus Sinn macht. Ich gebe Ihnen ein Beispiel.

Ein Kunde von mir, ein eigentümergeführtes Unternehmen im industriellen Umfeld, genauer gesagt, ein Kabelhersteller pflegt bis heute eine Unternehmenskultur, bei der die Firma sehr performance-orientiert arbeitet. Dabei ist das Gehalt auch zu einem großen Anteil variabel ausgerichtet. Seit vielen Jahren werden regelmäßige Mitarbeiterbefragungen durchgeführt, bei denen auch immer das Thema variable Vergütung beleuchtet wird.

Die Ergebnisse zeigen, dass die Zufriedenheit und die Identifikation der Mitarbeitenden mit dem Unternehmen als sehr gut bewertet werden und damit eine ausgesprochen positive Unternehmenskultur herrscht. Nicht zuletzt, zeigt sich dies auch an der geringen Fluktuationsquote. Als wir Hoshin Kanri einführten, stand natürlich die Frage im Raum: Wie gehen wir nun mit Hoshin Kanri und der Verbindung mit der variablen Vergütung um.

Eine Befragung im Unternehmen zeigte ganz deutlich, dass Hoshin Kanri mit der variablen Vergütung verbunden bleiben sollte. Die Verknüpfung von Hoshin Kanri und variabler Vergütung war für die Belegschaft sehr wichtig. Hier sehen wir, dass Sie diese Frage stark von Ihrer Ausgangsituation abhängig machen müssen.

Entscheidend ist, dass Sie Ihr Modell sehr gut durchdenken. Vorteil in diesem zweiten Fall ist natürlich, dass nur *ein* Zielsystem existiert und Sie dadurch eine entsprechende Vereinfachung und Transparenz schaffen. Nachteil ist, dass sich Führungskräfte eher moderatere Ziele setzen und mit sehr ambitionierten Zielwerten, also den Durchbruchszielen eher weniger gut umgehen können.

Die variable Vergütung steht zweifellos im Zusammenhang mit der klassischen Zielvereinbarung des MbO-Ansatzes. In den Zielvereinbarungsgesprächen werden normalerweise die variablen Gehaltsbestandteile festgelegt und am Ende des Jahres auf ihre Erreichung überprüft. Da dies in persönlichen Gesprächen zwischen Führungskraft und Mitarbeiter erfolgt, sind die variablen Gehaltsbestandteile häufig auch *nicht* im Unternehmen bekannt.

Wollen Unternehmen den Grundsatz der Transparenz von Hoshin Kanri ernst nehmen, dann kann das zu Zielkonflikten führen. Dies birgt wiederum das Risiko, dass die Hoshin-Kanri-Einführung komplett scheitert.

Fall 3: Das variable Vergütungssystem wird abgeschafft
Einige wenige Unternehmen gehen aktuell den Schritt, dass Sie im Zusammenhang mit der Einführung von Hoshin Kanri komplett das Bonussystem und auch die klassischen Zielvereinbarungsgespräche abschaffen. Unternehmen argumentieren damit, dass variable Vergütungssysteme die Belegschaft rein extrinsisch motivieren und Mitarbeiter ihren Einsatz, nur »um des Geldes willen« erbringen. Hingegen sind Menschen, die intrinsisch motiviert sind, weil ihnen die Arbeit Spaß macht und sie es von sich aus wollen, eher in der Lage, sehr hohe Ziele zu erreichen.

Bei einem Kunden von mir hatten wir genau diesen Fall. Mit Eintritt des neuen Geschäftsführers haben wir Hoshin Kanri eingeführt und in diesem Zuge das variable Vergütungssystem abgeschafft. Idee war es, dabei das bisherige Gehalt unternehmensweit, um einen Faktor X zu erhöhen. Sie können sich dennoch vorstellen, welchen Aufschrei es in der Organisation zunächst gab. Doch am Ende hat kaum jemand im Unternehmen aus diesem Grund gekündigt.

Generell gebe ich Ihnen den Tipp mit auf den Weg, dass Sie auf keinen Fall nur einen Ansatz gelten lassen dürfen.

Die drei Fälle haben gezeigt, dass diese für die jeweilige Unternehmenssituation durchaus Sinn machen. Diskutieren Sie intern oder mit externen Hoshin-Kanri-Spezialisten Ihre Ausgangssituation und durchdenken Sie die Modelle mit allen möglichen Auswirkungen im Detail, bevor Sie einen großen Roll-out von Hoshin Kanri starten.

Wenn wir uns diese Liste an wichtigen Einflussfaktoren auf die Implementierungsstrategie anschauen, dann kommt hier einiges zusammen. Meine Erfahrung zeigt, dass eine oberflächliche Beschäftigung mit diesen Faktoren viel Fehlerpotenzial mit sich bringt.

Daher schauen wir uns im nächsten Abschnitt an, welche Fehler häufig bei Hoshin-Kanri-Einführungen gemacht werden.

11.2 Häufige Fehler

In diesem Abschnitt möchte ich Ihnen eine Reihe von Fehlern aufzeigen, die ich sehr häufig bei Unternehmen finde, die sich nicht ausreichend mit der Wahl einer passenden Implementierungsstrategie und den damit verbundenen Einflussfaktoren auseinandergesetzt haben.

Aus diesem Grund rate ich Ihnen, sich vor der Einführung bewusst mit diesen typischen Stolpersteinen zu befassen und möglichst früh Maßnahmen zu entwickeln, um nicht mit diesen Fehlern konfrontiert zu werden.

Abb. 11.1: Häufige Fehler bei der Implementierung von Hoshin Kanri

Diese Fehler sollten Sie vermeiden:

- Mangelndes Commitment und fehlender Konsens des gesamten Topmanagements ist der schlimmste Fehler, daher steht er an erster Stelle. Wenn dies der Fall ist, wird eine nachhaltige Implementierung nicht gelingen. Hoshin Kanri muss von ganz oben konsequent vorgelebt werden!
- Ein weiterer wesentlicher Fehler ist die unzureichende Einschätzung des Reifegrades der Organisation. Dies hatten wir bereits im Zusammenhang mit der Festlegung von Durchbruchszielen ausführlich diskutiert. Ein solches Versäumnis kann zum Scheitern von Hoshin Kanri führen.
- Eine fehlende strategische Ausrichtung der Organisation als Basis für den weiteren Hoshin-Kanri-Prozess und eine mangelnde Fokussierung in Bezug auf Ziele bereits auf oberster Unternehmensebene sind weitere Stolpersteine.
- Führungskräfte verbleiben in ihren Komfortzonen, was dazu führt, dass sie sich zu wenig ambitionierte Ziele setzen.
- Management und Führungskräfte zeigen die definierten Ziele bzw. die X-Matrizes nicht dem gesamten Unternehmen, insbesondere den unteren Ebenen. Dabei geht es nicht nur darum, die X-Matrizes in allen Details zu kommunizieren, sondern darum, sie mit einer »Ge-

schichte« zu verbinden, die erzählt, wie die Strategie umgesetzt werden soll. Hoshin Kanri lebt von absoluter Transparenz und Zieldurchgängigkeit.

- Damit im Zusammenhang steht auch eine fehlende Verbindung mit dem Shopfloor. In den meisten Unternehmen gibt es hier noch eine große Lücke.
- Auf den oberen Ebenen beschäftigt man sich mit Zielausrichtung, auf den unteren Ebenen sehr häufig auch, aber in der Mitte klafft ein Loch. Das hat aus meiner Sicht nicht immer etwas mit der vielzitierten »Lehmschicht« zu tun, also derjenigen Schicht des mittleren Managements, die weder ganz oben in der Organisation noch ganz unten angesiedelt ist. Es sind aber die Menschen in der Mitte, durch die alles im Unternehmen fließt. Daher lohnt es sich, genau diese Führungsebene intensiv in Hoshin Kanri zu befähigen und zu trainieren.
- Ein weiteres Thema, bei dem die Einführung von Hoshin Kanri infrage stellt werden kann, betrifft das Fehlen geeigneter Erfolgsindikatoren, die tatsächlich das messen, was wir uns inhaltlich vorgenommen haben. Wenn dieser Zusammenhang, also eine kausale Verknüpfung unserer Performance mit unseren Aktivitäten nicht hergestellt ist, kann Hoshin Kanri nicht als Steuerungssystem verwendet werden.
- Ich kann nicht genug betonen, wie wichtig eine klare Fokussierung auf Ziele und Kennzahlen ist. Es gibt Unternehmen, die behaupten, der mit Hoshin Kanri verbundene Reporting-Aufwand sei zu hoch. Wenn man sich dann deren X-Matrizes anschaut, ist das überhaupt kein Wunder: völlig überladene X-Matrix-Monster, die nicht einmal auf ein Din-A3-Blatt passen. Das hat auch nichts mit einer fehlenden IT-Lösung zu tun. Das Problem sind der fehlende Fokus und viel zu viele Kennzahlen.
- Insofern ist Hoshin Kanri auch kein reines Reporting-Instrument, sondern in erster Linie ein Managementtool. Das Reporting-Element ist nur eine seiner vielen Funktionen.
- Wenn Manager und Führungskräfte während des Jahres zu sehr mit dem Sammeln von Erfolgsindikatoren beschäftigt sind, werden sie nicht in der Lage sein, ihren wichtigeren Führungs- und Coachingaufgaben, also der Steuerung und Führung nachzugehen. Genau das war ein wesentlicher Aspekt, der zum Scheitern der Balanced Scorecard geführt hat.
- Darüber hinaus bringen viele Strategieumsetzungsprozesse nicht die erhofften Erfolge, weil es bei Führungskräften an Selbstdisziplin mangelt – insbesondere im unterjährigen Umsetzungsprozess. Häufig holt das Tagesgeschäft die Führungskräfte ein und es ist fast garantiert, dass es plötzlich viel wichtigere Prioritäten gibt. Diese mangelnde Disziplin ist jedoch völlig unabhängig davon, welches Managementsystem Sie einführen.
- Ein weiterer Einflussfaktor auf die Effektivität von Hoshin Kanri sind mangelnde Problemlösungsfähigkeiten. Das führt dazu, dass Zielabweichungen von Monat zu Monat verschleppt werden und die Zielerreichung immer unwahrscheinlicher wird.
- Außerdem erlebe ich häufig, dass der Schulungsaufwand drastisch unterschätzt wird. Die Unternehmensführung meint, dass ein Training auf den oberen Ebenen genügt und die unteren Ebenen das schon irgendwie mitbekommen. Das ist der völlig verkehrte Ansatz! Gerade auf den unteren Ebenen muss ein klares Verständnis des gesamten Strategieplanungs- und Umsetzungsprozesses geschaffen werden.
- Unternehmen glauben oft, dass es eine Organisation alleine schafft, Hoshin Kanri einzuführen. Leider ist dies nicht der Fall. Gerade im ersten Jahr ist es dringend notwendig, dies von

extern begleiten zu lassen, wenn nicht ausreichend Erfahrung in der Einführung von Hoshin Kanri vorhanden ist.

- Häufig wird umgekehrt die Meinung vertreten, dass intern niemand direkt für den Hoshin-Kanri-Prozess verantwortlich sein muss. Vielmehr sei es Aufgabe der Führungskräfte, den Prozess voranzutreiben. Dies ist reines Wunschdenken. Wie wir bereits gesehen haben, wird es ohne den »Wadlbeißer« nicht funktionieren.
- Ein Problemfeld besteht auch darin, dass Managementsysteme oft an verschiedenen Stellen im Unternehmen angesiedelt sind. Hoshin Kanri ist häufig in Produktionseinheiten beheimatet. Meine Erfahrung ist, dass Abteilungen wie Controlling und HR von Anfang an ignoriert werden. Wie wir bereits gesehen haben, gibt es hier aber sehr enge Schnittstellen. Zum Beispiel kommen viele Kennzahlen direkt aus dem Controlling und Führungskräfteentwicklung oder Mitarbeiterschulungen werden von der HR-Abteilung gesteuert.

Abschließend möchte ich noch auf das Thema Veränderung eingehen. Unser Leben und damit auch unsere Arbeitswelt ist geprägt durch ständigen Wandel. Viele Veränderungen im Alltag passieren oft unbewusst und nebenbei.

Die Einführung von Hoshin Kanri nicht! Wenn Unternehmen planen, Hoshin Kanri einzuführen, passiert das meist aus einer bestimmten Notwendigkeit heraus. Da diese Veränderungen das gesamte Unternehmen betreffen, verlangt es mehr Aufmerksamkeit und das muss gesteuert werden. Insbesondere deswegen, weil bei Veränderungsprozessen immer Menschen betroffen sind.

Die ganzheitliche Begleitung der Menschen ist der zentrale Punkt von erfolgreichem Change-Management. Ich sehe immer wieder Unternehmen, die es bei der Einführung von Hoshin Kanri versäumen, sich bereits im Vorfeld aktiv mit dem Veränderungsprozess auseinanderzusetzen.

Wirksames Change Management fängt schon bei der genauen Formulierung des Ziels oder einer Vision an. In diesem Fall zielt das jedoch nicht auf die Unternehmensvision oder die Unternehmensziele ab, sondern auf die Ziele, die Sie mit der Einführung von Hoshin Kanri erreichen wollen. Das Zielbild ist ein maßgeblicher Faktor für erfolgreiche Change-Prozesse – ähnlich wie beim Marathonläufer, der den Zieleinlauf ständig fest vor seinem geistigen Auge sieht und deshalb durchhält.

Ebenso ist die Entwicklung einer entsprechenden Veränderungsstrategie wichtig. Es muss also definiert werden:

- Welche Schritte müssen wir insgesamt bewältigen?
- Welche Reihenfolge ist sinnvoll, wenn die Schritte abhängig voneinander sind?

Und schlussendlich gilt es einen wesentlichen Faktor nicht zu vergessen: In Veränderungsprozessen heißt es, am Ball zu bleiben und nicht müde zu werden – auch in schwierigen Phasen. Und genau diese Konsequenz macht die erfolgreiche Umsetzung von Hoshin Kanri aus.

Ich wünsche Ihnen, dass dies auch Ihrer Organisation gelingt! Das wesentliche Rüstzeug haben Sie bis hierher erhalten. Jetzt sind Sie an der Reihe!

Das letzten Kapitel bietet Ihnen Informationen dazu, wie es nun weiter geht: im Idealfall mit Ihrer Zertifizierung zum Hoshin Kanri Pracitioner, mit Feedback und gegebenenfalls mit Kontaktaufnahme.

Zusammenfassung und Ausblick

In diesem Kapitel haben wir behandelt, wie wichtig es ist, dass Sie sich mit den wesentlichen Einflussfaktoren auseinandersetzen, bevor Sie mit der Einführung von Hoshin Kanri starten. Dabei haben wir insbesondere in Verbindung mit variablen Vergütungssystemen herausgearbeitet, dass es je nach Ausgangssituation verschiedene Möglichkeiten gibt. Und letztlich haben wir häufige Fehler kennengelernt, die sich bei Hoshin-Kanri-Einführungen immer wieder zeigen.
In den letzten Kapiteln dieses Buches werden wir die 11 Regeln für die Einführung kennenlernen sowie behandeln, welchen Nutzen Unternehmen durch Hoshin Kanri erreichen.

12 Die 11 Regeln für die Einführung

Die Grundmerkmale von Hoshin Kanri liegen im Toyota-Qualitätsmanagement, das schon vor Jahrzehnten von vielen westlichen Unternehmen in der einen oder anderen Form übernommen wurde. Wichtig ist es zu wissen, dass zwar der Name »Hoshin Kanri« japanischen Ursprungs ist, jedoch die wesentlichen Werkzeuge wie zum Beispiel der PDCA-Zyklus auf den amerikanischen Ansätzen des Total Quality Managements basieren.

Gegenstand der Diskussion ist also nicht die länderspezifische Ausprägung eines bestimmten Managementsystems wie Hoshin Kanri, sondern die Art und Weise, wie dieses System verstanden wird. Leider richten westliche Bürokratien mit ihrem mechanistischen Denken ihr Hauptaugenmerk gerne auf das Instrument selbst.

Toyota ist es dagegen schon immer gelungen, ein Gleichgewicht zwischen der Anwendung des Instruments und der Philosophie der Entwicklung von Mitarbeitenden mit eigener Problemlösungskompetenz zu finden.

Im Folgenden werden deshalb die wichtigsten Erfolgsfaktoren bei der Einführung von Hoshin Kanri dargestellt.[11]

Regel 1: Legen Sie eine glaubhafte Vision fest
Die meisten Unternehmen haben keine klar abgestimmte Vision. Häufig gibt es zwar ein Mission Statement oder einige andere Dokumente, die im Unternehmen kursieren, aber diese sind so allgemein, dass sie schnell ihren Sinn verlieren. Die Vision muss glaubhaft und verfolgbar sein und mit konkreten Begriffen beschrieben werden. Beachten Sie aber, dass die Vision den Reifegrad Ihres Unternehmens widerspiegeln sollte. Wenn z. B. das Unternehmen nicht den Reifegrad hat, eine 10-Jahres-Vision zu entwickeln, können kurzfristige Ziele mit klaren Prinzipien und Kennzahlen ein guter Ausgangspunkt sein.

Regel 2: Schaffen Sie unternehmensweite Motivation für Veränderung
Damit ein Unternehmen dauerhaft überlebensfähig ist, muss es sich ständig an neue Herausforderungen anpassen. Veränderung ist ein ewig währender Prozess, der nur erfolgreich sein kann, wenn das gesamte Unternehmen eingebunden ist. Das Motto »Wir machen das so, weil wir das schon immer so gemacht haben« ist nicht mehr tragfähig. Vielmehr muss im Unternehmen eine permanente Aufbruchstimmung geschaffen werden. Allerdings ist die Veränderung einer Organisation bzw. ihrer Spielregeln ein von vielen Unsicherheiten geprägter Prozess, bei dem so gut wie sicher ist, dass Widerstände auftreten.

11 Entnommen aus: Kudernatsch, D. (2019): Hoshin Kanri – Policy Deployment durch agile Strategieumsetzung, Stuttgart

Um diese Widerstände so gering wie möglich zu halten, ist eine offene und unternehmensweite Kommunikation durch das Topmanagement eine unabdingbare Voraussetzung. Die Mitarbeitenden werden sich nur an Bord holen lassen und hinter der Veränderung stehen, wenn sie die Gründe verstehen und wissen, was sie erwartet und was sie deswegen in Zukunft anders machen müssen.

Nutzen Sie bereits von Beginn an Hoshin Kanri als Vehikel, um die Möglichkeit aufzuzeigen, dass die zunächst als zu hoch gesteckt erscheinenden Ziele auch tatsächlich umgesetzt werden können. Dabei forciert Hoshin Kanri die Motivation der Mitarbeitenden dadurch, dass sie eine klare Vision haben, die Werkzeuge der Problemlösung nutzen lernen sowie bei der Festlegung von Zielen und deren Umsetzung beteiligt sind.

Hoshin Kanri ist somit eng mit der Unternehmenskultur verbunden, wobei Hoshin Kanri selbst nicht die Menschen danach ausrichtet, auf ein gemeinsames Ziel hinzuarbeiten, denn das kann nur eine starke Kultur. Hoshin Kanri verstärkt vielmehr den kulturellen Blick, dass ein Unternehmen dafür arbeitet, seine Kunden mit hoher Qualität, niedrigen Kosten und rechtzeitiger Lieferung zufriedenzustellen. Ein Unternehmen, das eine schwache Kultur hat (z. B. Mitarbeitende, die nur für sich arbeiten), wird das Problem zunächst nicht mit Hoshin Kanri lösen.

Regel 3: Starten Sie step-by-step
Hoshin Kanri lässt sich nicht in kurzer Zeit einführen. Eine nachhaltige Einführung dauert zwischen fünf und zehn Jahre. Es ist wichtig, langsam zu beginnen und nicht alle Komponenten auf einmal einzuführen oder die Ziele über alle Ebenen herunterzubrechen. Nicht alle Führungskräfte sind dieser Herausforderung sofort gewachsen. Insofern ist der wichtigste Rat für jedes Unternehmen, das versucht Hoshin Kanri einzuführen, es langsam angehen zu lassen. Hoshin Kanri sollte dabei sehr selektiv und in Abhängigkeit von den Führungsfähigkeiten eingeführt werden.

Es empfiehlt sich daher, bei der Einführung mit der ersten Ebene zu beginnen und sicherzustellen, dass die Beteiligten damit vertraut sind. Erst wenn dieser Prozess stabil läuft, sollte das Herunterbrechen der Ziele auf die nächsten Ebenen erfolgen. Oftmals hat das Topmanagement Vorbehalte gegenüber einer unternehmensweiten Einführung. In diesem Fall empfiehlt es sich, mit einem Piloten zu starten. Dafür eignet sich wiederum ein Manager, der die Idee von Hoshin Kanri versteht und davon überzeugt ist.

Regel 4: Integrieren Sie Führungskräfteentwicklung in Hoshin Kanri
Hoshin Kanri und die Entwicklung von Führungskräften sind eng miteinander verbunden. Die Rolle der Führungskräfte ist für die erfolgreiche Einsetzung und Umsetzung von Hoshin Kanri das wichtigste Element und verlangt hohe Führungsqualitäten. Bevor die Führungskräfte nicht über Fähigkeiten auf dem erforderlichen Level verfügen, sollte nicht mit der Einführung von Hoshin Kanri begonnen werden. Viele Unternehmen, die Hoshin Kanri als Neuerung bekannt machen, beschäftigen sich jedoch viel zu sehr damit, die X-Matrix auszufüllen oder Daten zu

erheben. Es geht jedoch vielmehr darum, Fähigkeiten und Know-how bei den Führungskräften, wie sie Prozesse verbessern und Probleme lösen können, zu entwickeln, um die Ziele des Unternehmens zu erreichen.

Regel 5: Konzentrieren Sie sich auf wenige wichtige Durchbruchsziele
Häufig werden zu viele Ziele ausgewählt, anstatt sich auf die Breakthrough-Ziele zu konzentrieren. Damit läuft man Gefahr, dass man »auf alles und nichts« fokussiert und der eigentliche Mehrwert von Hoshin Kanri schon zu Beginn nicht verstanden und erkannt wird.

Wenn schon im Führungsteam kein Konsens über die Durchbruchsziele besteht, wird das Kaskadieren der Ziele nicht stringent verlaufen. Suchen Sie sinnvolle Begründungen, warum bestimmte Ziele nicht gleichzeitig verfolgt werden können. Hier gilt das Prinzip »Weniger ist mehr«.

Regel 6: Stellen Sie aufeinander abgestimmte Ziele und agile Aktionspläne sicher
Bei Zielvereinbarungen legt der Vorgesetzte meistens mit seinen Mitarbeitenden in einem Vier-Augen-Gespräch die Ziele fest. Bei Hoshin Kanri werden die Ziele nicht mehr zwischen zwei Personen vereinbart, sondern im Rahmen von Zielklausuren zwischen dem Vorgesetzten und seinem Team.

Bereiten Sie diese Zielklausuren sorgfältig vor. Laden Sie rechtzeitig die Teilnehmer und bei Bedarf Kollegen aus anderen Bereichen mit ein. Das Ergebnis der Zielklausuren ist Voraussetzung für das Commitment der Mitarbeitenden und die weitere Umsetzung der Ziele.

Die Zielkaskadierung mit dem Catchball-Prozess soll sicherstellen, dass die Ziele nicht einfach von der oberen Ebene gesetzt werden. Vielmehr soll bewirkt werden, dass diese in einem gemeinsamen Verhandlungsprozess festgelegt werden, und dass zugleich die entsprechenden Maßnahmen definiert werden, um diese Ziele zu erreichen. Der Kaskadierungsprozess schafft Klarheit auf allen Ebenen, der Verhandlungsprozess entwickelt realistische Pläne auf allen Ebenen, die Mitarbeitenden gehen die Verbindlichkeit ein, und der Einführungsprozess überprüft, dass die gemeinsame Auswahl von lokalen Plänen die Erfordernisse insgesamt erfüllen.

Normalerweise findet der Catchball-Prozess z. B. in einem Werk auf der Bereichs- und Managerebene sowie funktionsübergreifend zwischen den Bereichen statt. Auf den unteren Ebenen geht es dann hauptsächlich darum, wer was wie macht, um die Ziele zu erreichen. Stellen Sie sicher, dass bei der Kaskadierung der Ziele ein sinnvoller Zusammenhang zwischen den Zielen besteht und dass insbesondere Abhängigkeiten auf horizontaler Ebene bzw. zwischen Bereichen oder Abteilungen (cross-funktional) erfolgt.

Hoshin Kanri kann nicht aufgezwängt werden, indem jedem Mitarbeitenden angeordnet wird, Formulare oder X-Matrizes auszufüllen. Vielmehr geht es darum, den Catchball-Prozess zu verstehen, auch wenn die Ziele zunächst nur bis auf eine bestimme Führungsebene heruntergebrochen werden. Sobald sich entsprechende Fähigkeiten auf den unteren Ebenen entwickelt haben, können die Ziele verfeinert und die Aktionspläne erarbeitet sowie umgesetzt werden. Finden sich die entsprechenden Fähigkeit in den Arbeitsgruppen, werden die Pläne immer weiter verfeinert, indem die obersten Ziele mit den Gruppenleitern und dann mit den Teamleitern verbunden werden.

Hoshin Kanri entwickelt sich, wenn sich das gesamte Unternehmen entwickelt. Zuerst muss der Schwerpunkt darauf gelegt werden, wie man die richtigen Ziele setzt und die Zielerreichung gemessen wird. Der wichtigste Part von Hoshin Kanri ist es, agile Pläne für das Erreichen der Ziele auf jedem Level des Unternehmens zu haben. Es ist ratsam, A3-Reports zu verwenden und diese kritisch zu bewerten. Dabei ist Hoshin Kanri ein Werkzeug, um Führungskräfte zu entwickeln und nicht ein Tool, um Ergebnisse zu erzielen.

Regel 7: Stellen Sie den PDCA-Zyklus in das Zentrum aller Aktivitäten
In den meisten Fällen scheitert das Erreichen von Zielen daran, dass Mitarbeitende nicht wissen, was überhaupt zu tun ist, um ihre Ziele zu erreichen. Weder haben sie Werkzeuge in der Hand noch wissen sie, wie sie sie anwenden müssen. Auch die Führungskräfte sind nicht ausreichend fähig, wie man Probleme Schritt für Schritt lösen kann.

Hoshin Kanri greift insbesondere bei der Umsetzung der Ziele und bei dem Lösen von Problemen auf Methoden aus dem Lean Management zurück und stellt dabei den PDCA-Zyklus in den Mittelpunkt. Stellen Sie von Anfang an sicher, dass der PDCA-Zyklus das Zentrum aller Bemühungen ist, denn er treibt den Hoshin-Prozess an.

Insbesondere die strukturierte Bearbeitung von Problemen verhindert, dass ein zu einfacher Blick auf bestimmte Situationen geworfen und damit die Bearbeitung in völlig unbekümmerter Weise durchgeführt wird. Wenn jedoch auf jeder Ebene damit begonnen wird, sich zuerst zu überlegen, was die Probleme sind, wie groß die Lücke zwischen dem aktuellen Stand und dem Ziel ist, und was die Ursachen für das Problem sind, kann ein sinnvoller Plan für das Erreichen des Ziels entwickelt werden.

Es ist ganz normal, dass man bei Problemen gleich mit Lösungen kommen will, um schnell Ergebnisse zu sehen. Der PDCA-Prozess fokussiert den Großteil der Arbeit auf das Planen und stellt sicher, dass die Arbeit so lange nicht komplett ist, bis geprüft wird, ob der Plan für den nächsten Schritt gemacht wurde. Leider ist die Umsetzung der schwierigste Teil des Prozesses, daher muss der Schwerpunkt von Training und Weiterbildung das *Doing* sein.

Bedenken Sie bei der Methodenauswahl, dass es nicht um die Anwendung möglichst vieler Methoden geht, sondern darum, welche in der jeweiligen Situation am effektivsten sind. Bereits einfache Methoden bringen eine große Wirkung (z. B. A3-Report, Ishikawa, Fünf-Warum-Fragen, Pareto-Diagramm).

Regel 8: Stellen Sie Mentoren, Coaches oder die Unterstützung durch einen Sensei zur Verfügung

Ein häufiger Fehler vieler Strategieumsetzungen ist es, dass man sich zu viel mit dem Ausfüllen von Formularen oder der Erhebung von Daten beschäftigt. Die eigentliche Umsetzung kommt in den meisten Fällen zu kurz, was an der mangelnden Qualifizierung von Mitarbeitenden und Führungskräften liegt. Diese in pauschale Trainings oder Seminare zu schicken, macht keinen Sinn und verschwendet Zeit und Geld. Das eigentliche Training findet direkt am zu lösenden Problem und am Arbeitsplatz statt. Hierfür sollten in Abhängigkeit von der Situation konsequentes Coaching, Mentoring oder die Unterstützung durch einen Sensei zum Einsatz kommen.

Ein häufiger Fehler dabei ist, dass man sich ausschließlich auf die Unterstützung der Mitarbeitende-Team-Ebene konzentriert, während stillschweigend davon ausgegangen wird, dass das mittlere Management seinen Job wie gewohnt engagiert tut. Der zentrale Erfolgsfaktor hingegen ist es, gerade Führungskräfte auf mittlerer und produktionsnaher Ebene zu qualifizieren.

Bei Hoshin Kanri werden herausfordernde Ziele gesetzt und der Fortschritt der Zielerreichung permanent überwacht. Da Führungskräfte regelmäßig über das ganze Jahr von ihren Mentoren beobachtet werden, werden sie beurteilt und gecoacht, wie sie an die Herausforderungen herangehen. Brachiales Vorgehen, damit Kennzahlen gut ausschauen, wird bei Hoshin Kanri nicht belohnt. Viel wünschenswerter ist ein guter Prozess, der Mitarbeitende motiviert, auch wenn er zunächst keine Ergebnisse sieht.

Voraussetzung hierfür sind jedoch Führungskräfte, die bereit sind, die Herausforderungen zu übernehmen und sich selbst zu entwickeln. Das langfristige Ziel ist es, Führungskräfte im gesamten Unternehmen zu haben, die sich selbst immer wieder weiterentwickeln. Was nicht heißt, dass man das alleine tun muss. Einige Unternehmen haben bereits damit begonnen, Trainer bereitzustellen, die die obere Führungsebene coachen.

Regel 9: Seien Sie als Management bis auf Shopfloor-Ebene anwesend

Hoshin Kanri wird nur erfolgreich umgesetzt werden, wenn die Ziele auch auf der untersten Ebene verstanden wurden und umgesetzt werden. Auf dem Shopfloor wird die Wertschöpfung erzeugt. Gehen Sie als Topmanagement regelmäßig auf den Shopfloor, sprechen Sie mit den Mitarbeitenden, lassen Sie sich die Shopfloor-Boards erklären und diskutieren Sie die Performance-Entwicklung. Die Mitarbeitenden werden viel motivierter an ihre Arbeit gehen, wenn sie wissen, dass das Topmanagement Interesse zeigt, was vor Ort passiert.

Regel 10: Führen Sie regelmäßige Reviews durch

Regelmäßige Reviews vom Stand der Zielumsetzung kommt in den meisten Unternehmen zu kurz. Zielgespräche finden meist zweimal pro Jahr statt, regelmäßige Meetings haben das Tagesgeschäft im Fokus, und der aktuelle Performance-Stand liegt aktuell zur Besprechung noch nicht vor, was eine systematische Ursachenanalyse verhindert.

Die regelmäßige Fortschrittskontrolle ist eines der wesentlichen Elemente von Hoshin Kanri. Je nach Bedarf gilt es, den Review-Zyklus klar festzulegen. Die Reviews reichen dabei vom täglichen Check (Shopfloor-Management) bis hin zur jährlichen Überprüfung des Hoshin-Plans (President's Diagnosis). Führen Sie beispielsweise in Ihrem Team tägliche Besprechungen von max. 10 Minuten im Stehen durch – egal ob auf Shopfloor-Ebene oder in administrativen Bereichen. Legen Sie für Meetings ein Zeitfenster gleich zu Beginn zu Besprechung der aktuellen Performance inkl. Ursachenanalyse fest und stellen Sie eine zeitnahe Erhebung der wesentlichen Kennzahlen sicher.

Regel 11: Stellen Sie die Performance visuell dar

Die visuelle Darstellung der Performance gilt für die Topmanagement-Ebene genauso wie für die Shopfloor-Ebene. Mithilfe der Visualisierung wird eine größere Transparenz über Ziele, Leistungen und Prozesse geschaffen und dient dazu, die Identifikation der Mitarbeitenden zu fördern und ihr Engagement für die kontinuierliche Verbesserung zu erhöhen. Durch die Visualisierung mittels Hoshin-Boards kann ein rasches Erkennen von Schwachstellen ermöglicht werden, sie stellt damit eine zielgerichtete und schnelle Problemlösung sicher. Hoshin-Boards enthalten Grundinformationen wie z. B. Performance-Kennzahlen, Ergebnisse von Aktivitäten, Kontrollprüfungen, tägliche und themenbezogene Aktivitäten, Problemlösungsaktivitäten etc.

13 Was erreicht Ihr Unternehmen durch Hoshin Kanri?

Die Prinzipien und Methoden von Hoshin Kanri können in jeder Organisation, in jeder Unternehmensgröße und auf jeder Ebene angewendet werden. Ich habe bereits bei multinationalen Unternehmen, aber auch auf Werksebene oder Abteilungsebene die Einführung von Hoshin Kanri begleitet.

Wichtig ist es jedoch zu verstehen, was Auslöser für die Implementierung im Ihrem Unternehmen sein können und was Ihnen Hoshin Kanri letztendlich bringt. Deshalb werde ich Ihnen im Folgenden die wesentlichen Benefits vorstellen.[12]

Erreichen der Ziele

Der zunächst wichtigste Nutzen von Hoshin Kanri ist es, dass es um das Erreichen von klar festgelegten Zielen geht. Hier muss man sich bewusst sein, dass es mit der Planung der Ziele allein noch lange nicht getan ist. Die eigentliche Wirksamkeit von Hoshin Kanri entfaltet sich, wenn mit absoluter und hundertprozentiger Hartnäckigkeit an den Zielen gearbeitet wird und Führungskräfte dies zu ihrer Aufgabe machen. Dadurch wird die Umsetzungsfähigkeit der gesamten Organisation gestärkt und das konsequente Arbeiten an den Zielen wird sichtbar.

Insbesondere wenn es darum geht, Maßnahmen bzw. Projekte zur Erreichung der Ziele durchzuführen, mangelt es häufig an den entsprechenden Fähigkeiten und Kompetenzen, da entweder die falschen Mitarbeitenden oder Führungskräfte ausgewählt werden oder weil sie über nicht ausreichende Fähigkeiten verfügen. Mitarbeitende haben oft keine Standardwerkzeuge an der Hand, die sie anwenden können, Teams arbeiten unkoordiniert vor sich hin und die Führungskräfte sind nicht in der Lage, die Projektteams zu führen und zu befähigen.

Wenn sie in ihrer Organisation feststellen, dass die Erreichung von gesteckten Zielen meist Wunschdenken ist und es an Disziplin mangelt, fordert Hoshin Kanri die Umsetzungsfähigkeiten der Führungskräfte.

Klare Richtung

Häufig hat das Topmanagement keine genaue Vorstellung, wohin sich das Unternehmen in den nächsten Jahren entwickeln soll. Es wird vielmehr mit Intuition und Instinkt gelenkt. Doch wie bekommt man dadurch ein Unternehmen auf »Kurs«? Da niemand im Topmanagement weiß, wo die Reise hingeht, wird der Rest des Unternehmens auf genauso uninspirierte und unkoor-

12 Entnommen aus: Kudernatsch, D. (2020): Methoden Handbuch Hoshin Kanri – Wie Best Practice Unternehmen Krisen meistern, München

dinierte Weise arbeiten. Ähnlich schaut es aus, wenn zwar das Topmanagement die Richtung kennt, diese aber niemand anderem im Unternehmen bekannt ist.

- Wenn Ihr größter Schmerzpunkt die unklare Richtung ist, hilft Hoshin Kanri dem Topmanagement, das Unternehmen auf Kurs zu bringen, indem gemeinsam die strategischen Stoßrichtungen ausgearbeitet werden.

Fokus

Es gibt die natürliche Tendenz, sich als Unternehmen zu viele Ziele zu setzen. Oft ist es jedoch gar nicht möglich, alle Ziele gleichzeitig zu bewältigen. Diese »Man muss alles tun«-Mentalität begründet sich wiederum in einem Mangel an strategischer Klarheit. Die Folge ist, dass in keinem der Ziele ein nennenswerter Fortschritt gemacht wird. Dadurch werden Outputs reduziert, Ressourcen verschwendet und Mitarbeitende an ihre Grenzen getrieben.

- Wenn bei Ihnen im Unternehmen ein fehlender Fokus durch zu viele Ziele vorhanden ist, ist die Anwendung der Hoshin-Methode zur Eingrenzung Ihrer strategischen Entscheidungen durch die Durchbruchsziele ein guter Ausgangspunkt.

Auflösen von Silodenken

Gibt es keine klaren Unternehmensziele oder werden diese nicht kommuniziert, definieren Abteilungs- und Bereichsleiter die aus ihrer Sicht relevanten Ziele. Da sie im Allgemeinen ihre eigenen Interpretationen von Geschäftszielen und Vorgaben haben, führt dies zu einem erheblichen Konflikt, suboptimalen Lösungen und zwangsläufig dazu, dass die Ziele nicht aufeinander abgestimmt sind. Rivalität und Konflikte in Bereichen und Abteilungen untereinander sind die Folge.

- Wenn Sie feststellen, dass es konfliktäre Ziele und Silodenken gibt, ist Hoshin Kanri durch den horizontalen Catchball-Prozess eine geeignete Möglichkeit, diese aufzulösen.

Transparenz

Neben der Angst vieler Führungskräfte vor zu viel Transparenz in ihren Bereichen kommt häufig hinzu, dass Standardkennzahlen nicht definiert sind. Führungskräfte arbeiten ohne ein klar definiertes Ziel vor sich hin und eine durchgängige Performance der einzelnen Ebenen bis zur Unternehmensspitze ist nicht sichtbar. Meist existieren zwar viele Zahlen, aber diese ergeben kein aussagekräftiges Bild, um festzustellen, was tatsächlich notwendig ist, um die Ziele erreichen zu können.

Wenn außerdem Prozesse unweigerlich und häufig falsch ablaufen, herrscht vielfach die Praxis, dem anderen einfach die Schuld zuzuweisen. Meist dauert es nicht lange, dann hat sich eine Kultur durchgesetzt, in der bei aufgetretenen Fehlern sofort die Frage gestellt wird: »Wer war schuld?« Das führt zu einer Angstatmosphäre, in der es nicht mehr ehrlich zugeht und jeder versucht, eigene Fehler zu verschleiern. Folglich wird das Unternehmen es verfehlen zu »lernen«. Der richtige Ansatz wäre herauszufinden, was die Ursachen sind, um dann die Probleme anzugehen, anstatt die Mitarbeitenden zu beschuldigen.

- Wenn sich Ihre Organisation durch wenig Transparenz auszeichnet, bietet Hoshin einen Rahmen, um eine offene Unternehmenskultur zu entwickeln.

Einbindung der Mitarbeitenden

Einer der größten Fehler des Topmanagements ist es, nicht zu erkennen, dass jede Veränderung der Strategie auch Veränderungen im Tagesgeschäft der gesamten Organisation bedeutet, und dass der Input und das Know-how aus unteren Ebenen essenziell für die Erarbeitung der Strategie sind. Häufig wird die Meinung vertreten, dass Strategie Aufgabe des Topmanagements sei und diese in »geheimer« Mission im Elfenbeinturm entwickelt werde.

- Wenn in Ihrem Unternehmen der Zielprozess stark top-down getrieben ist, bietet Ihnen Hoshin Kanri eine Möglichkeit, diesen stärker bottom-up auszurichten, da die gesamte Belegschaft aktiv miteingebunden ist.

Raus aus der Komfortzone

Hoshin Kanri verfolgt den Grundsatz, Durchbruchsziele und damit sehr herausfordernde Ziele festzulegen. Damit soll die Organisation animiert werden, risikoträchtigere und disruptivere Ideen abzubilden und über den Tellerrand hinauszublicken.

In der praktischen Umsetzung finden sich zwei Formen solcher herausfordernder Ziele: In einem Fall wird eine sehr ambitionierte, kaum erreichbare Ziellinie festgelegt. Diese Ziele nennt man auch Stretch-Goals. Im anderen Fall handelt es sich um Ziele, die eine wesentliche Veränderung bewirken und uns auffordern sollen, darüber nachdenken, wie wir unser Geschäft oder die Abläufe komplett anders als bisher tun könnten. Diese Ziele werden beim Hoshin-Kanri-Ansatz »Durchbruchsziele« oder »Breakthrough-Ziele« genannt. Nimmt man die Bezeichnung »Durchbruch« ernst, würde die Erreichung dieser Ziele tatsächlich etwas bahnbrechend Neues bedeuten.

Inwieweit eine Organisation auf Basis dieses Verständnisses mit Durchbruchszielen agiert, ist natürlich abhängig von der aktuellen Unternehmenssituation, aber auch davon, ob überhaupt Kompetenzen vorhanden sind, derartig innovative Ziele zu definieren.

- Stufen Sie Ihre Organisation dahingehend ein, dass sich die Menschen eher in der Komfortzone bewegen, wird Hoshin Kanri Ihnen helfen, sich stärker in die Lernzone zu bewegen.

Weg vom Firefighting-Modus

Eine Folge der mangelnden Führungsfähigkeit ist, dass Führungskräfte intensiv in ihrem Fachgebiet mitarbeiten und »Feuerwehr« spielen, da ihnen ihre eigentliche Aufgabe zu führen vollkommen fremd ist. Im Allgemeinen beschränkt sich der Anteil eines klassischer Führungsalltags auf 10 % für Führungsaufgaben. Deswegen geben Führungskräfte immer wieder an, sie hätten gar keine Zeit, sich um strategische Themen zu kümmern.

- Leidet Ihre Organisation darunter, dass Führungskräfte stark im Tagesgeschäft eingebunden sind, gibt Hoshin Kanri die Möglichkeit sich evolutionär in einen höheren Reifegrad zu entwickeln.

Dynamik in der Zielverfolgung und in Projekten

An ursprünglich festlegten Zielen oder Projekten wird konsequent festgehalten und Abweichungen werden fleißig mit gelben oder roten Ampeln versehen. Unterjährig wird oft nicht reflektiert, ob die einst definierten Ziele oder Projekte vor dem Hintergrund der aktuellen, sich häufig schnell verändernden Marktsituation oder anderen Rahmenbedingungen überhaupt noch Gültigkeit haben.

- Wenn Ihr Unternehmen noch nicht stark agil ausgerichtet ist, dann hilft Hoshin Kanri durch die kurzzyklischen Regelkreise eine flexible Organisation zu entwickeln.

Effektives Abweichungsmanagement

Häufig sind die Erhebung der Kennzahlen und der Umsetzungsstand von Maßnahmen mit einem hohen administrativen Aufwand verbunden. Man ist mehr mit der Erhebung und dem Zusammentragen von Informationen beschäftigt, anstatt sich um die Analyse zu kümmern. Eine regelmäßige Überprüfung der Performance mit einer systematischen Abweichungsanalyse findet daher selten statt, und entsprechende Maßnahmen, um gegenzusteuern, werden nicht ergriffen.

- Wenn bei Ihnen die Problemlösungsfähigkeiten eher weniger ausgeprägt sind, helfen die Problemlösungsmethoden die Mitarbeitenden hierin zu entwickeln.

Zusammenfassung und Ausblick

In diesen beiden Kapiteln haben wir uns damit befasst, was es bei der Einführung von Hoshin Kanri zu beachten gibt. Hier haben Sie die elf Regeln kennengelernt. Außerdem haben wir uns abschließend mit der Fragestellung auseinandergesetzt, welchen Nutzen Hoshin Kanri einer Organisation stiftet.
Wir sind somit am Ende des Workbooks angelangt. Sie sind jetzt mit den Grundlagen von Hoshin Kanri vertraut, kennen eine Menge Tipps und Tricks und können solide Auskunft über Fragen rund um das Thema Hoshin Kanri beantworten.
Ich wünsche Ihnen viel Erfolg bei der Umsetzung!

Literatur

Doerr, J. (2017): Measure what matters – OKRs – The simple idea that drives 10x growth, Great Britain

Doerr, J. (2018): OKR – Objectives & Key Results: Wie Sie Ziele, auf die es wirklich ankommt, entwickeln, messen und umsetzen, München

Hutchins, D. (2011): Hoshin Kanri – The Strategic Approach to Continuous Improvement, Burlington

Ishikawa, K. (1985): What is Total Quality Control? The Japanese Way, Tokio

Jackson, Th. L. (2006): Hoshin Kanri for the Lean Enterprise, Portland

Kaplan, R. S.; Norton, D. P. (Hrsg.) (1997): Die Balanced Scorecard-Strategien erfolgreich umsetzen, Stuttgart, S. 9

Kaplan, R. S.; Norton, D. P. (2001): Die strategiefokussierte Organisation – Führen mit der Balanced Scorecard, Stuttgart, S. 88

Kaplan, R. S.; Norton, D. P. (2009): Der effektive Strategieprozess, Frankfurt am Main

Kleinhietpaß, G. (2008): Potenzialprofil – am Kundennutzen orientierte Verkaufspreise finden. Controller Magazin, 9/2008, S. 10 – 17.

Kudernatsch, D. (2019): Hoshin Kanri – Policy Deployment durch agile Strategieumsetzung, Stuttgart

Kudernatsch, D. (2020): Toolbox Objectives and Key Results – Transparente und agile Strategieumsetzung mit OKR, Stuttgart

Kudernatsch, D. (2020): Methoden Handbuch Hoshin Kanri – Wie Best Practice Unternehmen Krisen meistern, München

Kudernatsch, D. (2021): Studienbericht Reifegrad Strategieumsetzung, München

Kudernatsch, D. (2021): Studienbericht Reifegrad Lean Management, München

Kudernatsch, D. (2021): Objectives and Key Results: Die Grundlagen der agilen Managementmethode OKR, Freiburg

Liker, J. K (2007): Der Toyota Weg: 14 Managementprinzipien des weltweit erfolgreichsten Automobilkonzerns, München

Liker, J. K. (2011): Der Toyota-Weg, München

Liker, J. K. (2015): Lean Leader auf allen Management-Ebenen entwickeln: Ein praktischer Leitfaden. Winnipeg, Manitoba: Lean Leadership Institute Publications

Liker, J. K.; Franz, J. K. (2011): The Toyota Way to Continuous Improvement, New York

Rother, M. (2009): Die Kata des Weltmarktführers – Toyotas Erfolgsmethoden, Frankfurt am Main

Schein, E. H. (1996): Organizational culture and leadership. 2nd ed., San Francisco

Shewart, W. (1980): Economic control of quality of manufactures product/50th Anniversary Commemorative Issue/No H 0509, New York

Shook, J. (2010): Managing to Learn – Using the A3 Management process to solve problems, gain agreement, mentor, and lead, Cambridge

Internet-Links

https://www.youtube.com/watch?v=qp0HIF3SfI4 (letzter Zugriff: 1.10.2021)

https://aktienfinder.net/blog/danaher-aktie-besser-als-berkshire-hathaway-inklusive-bewertung/ (letzter Zugriff: 1.10.2021)

https://sec.report/Document/0001193125 – 19 – 287854/ (letzter Zugriff: 1.10.2021)

https://www.danaher.com/how-we-work/danaher-business-system (letzter Zugriff: 1.10.2021)

https://www.finanzen.net/aktien/danaher-aktie (letzter Zugriff am 1.10.2021)

Glossar

Agilität
Agilität ist eine Form der Unternehmensführung, um flexibel und schnell auf Marktveränderungen reagieren zu können. Mit der Festlegung der agilen Prinzipien in Form des agilen Manifests im Jahr 2001 wurden viele agile Methoden und Werkzeuge entwickelt.

A3-Problemlösung
Die A3-Problemlösung ist eines der bewährtesten Werkzeuge von Toyota zur Lösung von Problemen. Im Unterschied zum klassischen Projektmanagement wird der A3-Report als »living document« verwendet, das durch ein strukturiertes Vorgehen gekennzeichnet ist, bei dem die Lösung mittels Lean-Instrumenten gesucht wird und das die visuelle Darstellung beispielsweise von Ausgangs- und Zielsituation in den Vordergrund stellt.

Balanced Scorecard (BSC)
Balanced Scorecard (ausgewogener Berichtsbogen) ist ein Managementkonzept zur Umsetzung einer Unternehmensstrategie in ein konsistentes System von strategischen Zielen und die Konkretisierung dieser strategischen Ziele durch operative Ziele und Maßnahmen. Ziele und Kennzahlen bilden die für den langfristigen Erfolg wichtigen Dimensionen ab, das sind für gewinnorientierte Unternehmen die Finanz-, Kunden-, Prozess-, Lern- bzw. Innovationsperspektive.

Bowling Chart
Das Bowling Chart, auch Bowling Score Sheet genannt, hat seinen Namen von seiner Ähnlichkeit mit einem Blatt, auf dem beim Bowling die Ergebnisse festgehalten werden. Die Form wird verwendet, um Fortschritte bei der Erfüllung von Key-Performance-Indikatoren zu verfolgen. Wenn die Ergebnisse unter dem Ziel sind, wird dies im Block in Rot hervorgehoben.

Breakthrough-Ziele
siehe Durchbruchsziele

Catchball-Prozess
Im Rahmen der Zielabstimmung beim Hoshin-Kanri-Ansatz werden die Ziele zwischen verschiedenen Hierarchieebenen, aber auch cross-funktional durch die Beteiligten abgestimmt. Dieser Prozess heißt Catchball. Über Ziele, Verbesserungsprioritäten, Kennzahlen, Rollen und

Verantwortlichkeiten sowie die Verteilung und Entwicklung von Ressourcen wird dabei Konsens geschaffen.

Durchbruchsziele

Durchbruchsziele (Breakthrough-Ziele) zeichnen sich dadurch aus, dass signifikante Performance-Verbesserungen in einem Unternehmen, einer Abteilung oder einem Schlüsselprozess erreicht werden sollen. Das heißt, es handelt sich um radikale und tiefgreifende Verbesserungen, die auch ein grundlegendes Überdenken der betroffenen Prozesse oder Systeme erfordern können, und nicht um eine kontinuierliche und schrittweise Verbesserung.

Fünf-Warum-Analyse

Fünf-Warum-Fragen ist eine Technik, die dem Aufspüren der wahren Ursachen eines Problems dient. Man begnügt sich bei der Anwendung der 5-Warum-Fragen nicht mit der ersten Antwort, die bei der Frage nach einem Problem erscheint. Durch fünfmaliges Fragen nach dem Warum nähert man sich schrittweise der echten Problemursache.

Hoshin Memory

Das Hoshin Memory wurde von Daniela Kudernatsch entwickelt und wird zur Dokumentation von Hoshin Reviews verwendet. Im Gegensatz zu aufwendigem Mitschreiben von Protokollen liegt der Vorteil des Hoshin Memorys darin, dass kurz und knapp die wesentlichen Punkte des Reviews in strukturierter Art und Weise dokumentiert werden.

Ishikawa-Diagramm

Das Ishikawa-Diagramm (Ursache-Wirkungs-Diagramm) stellt die Visualisierung eines Problemlösungsprozesses dar, bei dem nach den primären Ursachen eines Problems gesucht wird, indem Hauptursachen so lange zerlegt werden, bis die Wurzel des Problems erreicht ist.

KATA

Als Kata werden im Kampfsport Übungen bezeichnet, deren Bewegungsablauf in vielerlei Hinsicht – mitunter auch im Zeitablauf – detailliert festgelegt sind. Führungsroutinen werden im Lean Management auch mit Kata bezeichnet.

Lean Management

Lean Management bzw. Lean Production geht auf das bei Toyota seit vielen Jahren etablierte Produktionssystem (TPS) zurück. Wesentliches Ziel von Lean Management ist es, ohne Verschwendung Werte zu schaffen, also mit möglichst geringem Aufwand einen möglichst großen Kundennutzen zu generieren.

Management by Objectives (MbO)
Das Management by Objectives (auch Führung durch Zielvereinbarungen) ist eine Methode der Mitarbeiterführung, die darauf basiert, dass Mitarbeitende und Vorgesetzter gemeinsam bestimmte Ziele verabreden, die vom Mitarbeiter innerhalb eines festgelegten Zeitraums zu erreichen sind.

Mindmapping
Mindmapping ist eine Kreativitätsmethode, die zur Erschließung eines Themas oder eines Problems dient. Dabei wird das Thema im Zentrum abgebildet. Von diesem Zentrum gehen mehrere Verbindungen zu anderen Themen ab, von denen wiederum weitere Verbindungen abgeleitet werden. Den Prozess des Sammelns von möglichen Einflussfaktoren bezeichnet man als Mindmapping.

Pareto-Analyse
Die Pareto-Analyse beruht auf dem Pareto-Prinzip, nach dem die meisten Auswirkungen eines Problems (80 Prozent) häufig nur auf eine kleine Anzahl von Ursachen (20 Prozent) zurückzuführen sind. Meist wird ein Säulendiagramm verwendet, das die Problemursachen nach ihrer Bedeutung ordnet und als Basis für die weitere Analyse dient.

PDCA-Zyklus
Der PDCA-Zyklus (auch Deming-Kreis) beschreibt einen iterativen vierphasigen Problemlösungsprozess, der seine Ursprünge in der Qualitätssicherung hat. PDCA steht hierbei für plan – do – check – act, was im Deutschen auch als Planen – Tun – Überprüfen – Umsetzen oder Planen – Umsetzen – Überprüfen – Handeln übersetzt wird. Der PDCA-Zyklus findet ebenfalls Anwendung beim kontinuierlichen Verbesserungsprozess beziehungsweise Kaizen.

Policy Deployment
siehe Hoshin Kanri

President's Diagnosis
In Ergänzung zu den traditionellen Methoden von Reviews stellt Hoshin Kanri eine neuartige Methode bereit, die President's Diagnosis. Sie wird so genannt, weil der Präsident am Ende des Jahres persönlich seine Unternehmen, Standorte oder Werke besucht. Die President's Diagno-

sis bindet das Topmanagement direkt an ein systematisches Review, das den Fortschritt der Umsetzung von Hoshin Kanri bzw. der Strategie am Jahresende überprüft.

Problemlösung

Problemlösung ist die systematische Herangehensweise an das Beseitigen von Hindernissen oder Problemen im Managementprozess. Probleme treten auf, wenn etwas sich nicht so verhält, wie es soll, wenn etwas von der Norm abweicht oder wenn etwas schiefgeht. Im Zusammenhang mit Lean Management wird Problemlösung als eine Methode verstanden, mittels derer nach kontinuierlicher Verbesserung gestrebt wird.

Review

Als Review wird meist ein Feedback-Gespräch zwischen dem Vorgesetzten und einem Mitarbeiter oder seinem Team bezeichnet. Es dient dem Soll-Ist-Abgleich von geplanter und geleisteter Performance sowie zur Identifizierung von Ursachen und zur sofortigen Einleitung von Gegenmaßnahmen.

Root-Cause-Countermeasure

Root-Cause Countermeasures oder kurz RCCM bedeutet »Kernursache-Gegenmaßnahmen«. Es ist eine Problemlösungsmethode, die dazu dient, Soll-Ist-Abweichungen bei KPIs zu analysieren, sie in Aktionspläne aufzuschlüsseln und zu beheben. Die wesentlichen Werkzeuge, die hier integriert sind, sind die Pareto-Analyse und die Fünf-Warum-Analyse.

Shopfloor-Management

Unter Shopfloor-Management ist das Führen vor Ort (»Hallenboden«) gemeint und umfasst Prozesse, Regeln, Verhaltensweisen, Methoden und Systeme zur Sicherstellung einer möglichst effizienten Produktion. Das Shopfloor-Management legt den Fokus auf das Geschehen direkt an der Basis, also am Ort der Wertschöpfung.

SMART-Ziele

SMART ist ein Akronym für specific, measurable, accepted, realistic, timely und dient als Kriterium zur eindeutigen Definition von Zielen. Ein Ziel ist nur dann SMART, wenn es spezifisch, messbar, von allen Beteiligten akzeptiert, realistisch und zeitlich begrenzt ist.

Stretch-Goal

Stretch-Goal bedeutet ausgedehnte, überhöhte Zielvorgabe. »Verlange mehr als du eigentlich erwartest, dann bekommst du das, was du wolltest.«

X-Matrix
Die X-Matrix ist ein Instrument im Hoshin-Kanri-Ansatz, um das strukturierte Herunterbrechen der strategischen Ziele auf verschiedene, untergeordnete Ebenen und die Zuordnung von Verantwortlichkeiten zu unterstützen. Somit werden die strategischen Ziele über den Zwischenschritt, Vorhaben zu formulieren, in Prozessziele übergeleitet. In einem weiteren Schritt können aus diesen Prozesszielen nach derselben Systematik (über die Definition von Projekten) die Mitarbeiterziele abgeleitet werden.

Stichwortverzeichnis

Die Autorin

Dr. Daniela Kudernatsch ist seit 2001 Inhaberin der Unternehmensberatung KUDERNATSCH Consulting & Solutions und Vice President Europe von Liker Lean Advisors. Die promovierte Betriebswirtin beschäftigte sich als eine der Ersten im deutschsprachigen Raum mit Lean Leadership und Hoshin Kanri (Policy Deployment). Sie war in mehr als 100 Unternehmen an Strategieumsetzungsprojekten weltweit beteiligt. Sie ist Autorin von mehreren Fachbüchern zum Thema Strategieumsetzung. Im Frühjahr 2019 erschien im Verlag Schäffer-Poeschel die zweite Auflage des Buches »Hoshin Kanri – Policy Deployment durch Agile Strategieumsetzung « mit einem Vorwort von Jeffrey Liker, der mehrere Bestseller über das Toyota-Management- und -Produktionssystem schrieb. 2020 erschien ihr neuestes Buch »Toolbox Objectives and Key Results: Transparente und agile Strategieumsetzung mit OKR«.

PI1 378 2008
9822250